Victor Isaac Muachilunga Manuel

# Sistema automatizado para control de temperatura y humedad en cámaras

Victor Isaac Muachilunga Manuel

# Sistema automatizado para control de temperatura y humedad en cámaras

## Diseño de un sistema automatizado para el control y monitoreo en cámaras de calefacción del Centro de Inmunoensayo.

Editorial Académica Española

**Imprint**
Any brand names and product names mentioned in this book are subject to trademark, brand or patent protection and are trademarks or registered trademarks of their respective holders. The use of brand names, product names, common names, trade names, product descriptions etc. even without a particular marking in this work is in no way to be construed to mean that such names may be regarded as unrestricted in respect of trademark and brand protection legislation and could thus be used by anyone.

Cover image: www.ingimage.com

Publisher:
Editorial Académica Española
is a trademark of
Dodo Books Indian Ocean Ltd. and OmniScriptum S.R.L publishing group

120 High Road, East Finchley, London, N2 9ED, United Kingdom
Str. Armeneasca 28/1, office 1, Chisinau MD-2012, Republic of Moldova, Europe
Managing Directors: Ieva Konstantinova, Victoria Ursu
info@omniscriptum.com

Printed at: see last page
ISBN: 978-620-0-04031-2

*...Al Dios Creador Infinito que con su
Gracia inescrutable e insondable me ama,
A mi novia Ana Judith Candjopi que siempre me
Apoya con sus consejos y actitud...*

Agradezco a Dios por concederme los excelentes Tutores que con sus experiencias y destreza me guiaban para la realización de este trabajo de diploma. A mi novia y amigos que incansablemente me apoyaron, muchas gracias.

En el presente trabajo de diploma, se aborda el diseño de un sistema automatizado para el control, y monitoreo de los principales parámetros de clima (temperatura y humedad relativa) que determinan la calidad de las materias primas y productos terminados que son almacenados en las cámaras del Centro de Inmunoensayo.

Actualmente el sistema instalado en el local no funciona debido a que el proyecto que lo involucraba fue paralizado y algunos de los equipos ya están rotos y no están conectados, otros no tiene *software* de programación y cables de conexión. Con el nuevo sistema propuesto se logrará poner en funcionamiento los sistemas instalados en las cámaras así como la medición de las variables, enviar el estado de las alarmas y el monitoreo de los datos de forma periódica y automática; el acceso de los datos almacenados se realiza desde cualquier computadora del centro dado que el sistema de monitoreo incluye la conexión a Ethernet o Internet.

En el trabajo se analizarán las diferentes alternativas consideradas para la selección de dispositivos eléctricos y electrónicos para el correcto funcionamiento de un sistema automático.

Por último, se realiza un análisis económico del proyecto puesto que brinda elementos de dimensión financiera con la finalidad de racionalizar y ahorrar recursos.

In the present diploma work, the design of an automated system for the control and monitoring of the main climate parameters (temperature and relative humidity) that determine the quality of the raw materials and finished products that are stored in the chambers is addressed. Of the Immunoassay Center.

Currently the system installed in the premises does not work because the project that involved it was paralyzed and some of the equipment is already broken and not connected, others do not have programming software and connection cables. With the proposed new system it will be possible to put into operation the systems installed in the cameras as well as the measurement of the variables, send the status of the alarms and the monitoring of the data periodically and automatically; The access of the stored data is made from any computer in the center since the monitoring system includes the connection to Ethernet or Internet.

In the work will analyze the different alternatives considered for the selection of electrical and electronic devices for the correct functioning of an automatic system.

Finally, an economic analysis of the project is carried out since it provides elements of financial dimension with the purpose of rationalizing and saving resources.

# Índice

Con el avance y desarrollo de tecnologías se hace cada vez más imprescindible el estudio de soluciones que de una u otra manera sean empleadas en satisfacer nuevas demandas y necesidades de las industrias. Uno de los principales factores que incrementan la competitividad de las industrias a nivel mundial es la automatización de plantas industriales, equipándolas con nuevos sistemas de control y sistemas de información que mejoren la productividad.

El control e instrumentación de procesos no se basa únicamente en la necesidad de operar una planta de forma segura, satisfaciendo restricciones laborales y ambientales, sino también, incrementando los niveles de producción, reduciendo los costos de materia prima, aumentando la calidad de productos que el país puede ofrecer no solo al mercado nacional sino también internacional y por otro lado brindando beneficios económicos. También brindan beneficios auxiliares como coordinación de alarmas y aumenta la vida útil de los equipos.

El Centro de Inmunoensayo (CIE), es un centro fundado en 1987 por el comandante en jefe Fidel Castro Ruz que tiene como misión principal la investigación, desarrollo, producción de estrategias y tecnologías que permitan la pesquisa de forma económica y científicamente sustentable de enfermedades metabólicas, transmisibles y crónicas no transmisibles, a ciclo completo, incluyendo la exportación y asistencia técnica de los laboratorios y personal que las emplean (Fig. I).

El objetivo fundamental del CIE es facilitar la detección, o evitar de manera precoz, enfermedades que pueden afectar la calidad de vida del ser humano. Además cuenta con diversos locales de producción y laboratorios de investigación [1].

Figura I. Centro de Inmunoensayo.

## Situación problema

El Centro de Inmunoensayo cuenta con 3 cámaras para el procesamiento de materias primas y productos, de ellas solo 2 cámaras cuentan con el equipamiento tecnológico necesario para el proceso de calefacción pero no se encuentran funcionando debido a que el proyecto que las involucraba fue detenido en la fase previa a la puesta en marcha.

La tabla I muestra las características principales de las cámaras de calefacción que se estudiarán en el presente trabajo de diploma.

Tabla I. Características principales de las cámaras de calefacción.

| Aspectos | Cámara 1 | Cámara 2 |
|---|---|---|
| Temperatura | 45°C | 37°C |
| Humedad Relativa | 100 % | 30 % |
| Sistema de calefacción | Banco de resistencias | Banco de resistencias |
| Humidificador/Deshumidificador | Humidificador para mantener el valor deseado | Deshumidificadores para controlar la humedad |

## Problema a resolver

Actualmente, las cámaras de calefacción no se encuentran funcionando, el panel eléctrico no está operativo debido a la falta de conexión entre los controladores del fabricante EATON y el resto de los elementos del sistema de medición. Además, no existe una monitorización de las principales variables del proceso.

## Objeto de estudio

El objeto de estudio se enmarca en los sistemas de control de temperatura y humedad en cámaras de calefacción.

## Campo de acción

Cámaras de calefacción para almacenamiento de materias primas y productos terminados del Centro de Inmunoensayo.

## Objetivo general

Diseñar un sistema automatizado para el control y la monitorización de la temperatura y la humedad relativa en cámaras de calefacción del Centro de Inmunoensayo.

## Objetivos específicos

- Describir los fundamentos teóricos que sostiene la automación de las cámaras para la conservación de los productos.
- Realizar una descripción general de los procesos que ocurren en cada cámara.
- Realizar un levantamiento instrumental de los medios técnicos de automatización existentes en las cámaras y hacer propuestas en caso de ser necesario.
- Diseñar, parametrizar y configurar el sistema de control automático de las cámaras.
- Diseñar el sistema de monitorización.
- Realizar un análisis del costo económico del proyecto.

## Hipótesis

Es posible diseñar un sistema automatizado para el control y la monitorización de la temperatura y la humedad relativa en cámaras de calefacción del Centro de Inmunoensayo, mediante controladores digitales y una interfaz con el operador, que permita mantener los valores adecuados en el interior de la cámara así como la calidad del servicio.



**Capítulo 1:** Estado del arte y descripción general del proceso.

En este se hace una revisión de los métodos que se utilizan a nivel mundial para controlar estos sistemas, así como un análisis de los procesos que ocurren en cada una de las cámaras.

**Capítulo 2:** Elementos para la automatización de las cámaras.

Se realizará el levantamiento instrumental del proceso en estudio para comprender mejor el funcionamiento del mismo y se propondrán de ser necesario nuevos instrumentos (actuadores, controladores).

**Capítulo 3:** Configuración y parametrización de los controladores y del sistema de monitorización.

En este se realizará la configuración y parametrización de los controladores que darán solución al problema. Se realizará el diseño y la configuración del sistema de monitorización.

**Capítulo 4:** Análisis Técnico-Económico.

En este se realiza un análisis del costo económico del proyecto.

# Capítulo 1

## "Estado de arte y descripción general del proceso"

### 1.1. Introducción

La climatización consiste en crear las condiciones ambientales adecuadas para la comodidad dentro de los edificios, casas o cámaras. Ésta puede ser natural o artificial. Es el proceso de tratamiento del aire que controla simultáneamente su temperatura, humedad, limpieza y distribución para responder a las exigencias del espacio climatizado [2].

Una cámara climatizada es un recinto aislado térmicamente dentro del cual se crea condiciones climáticas deseadas [3]. Estas cámaras favorecen el almacenamiento de materias primas, conservación de alimentos, de vacunas, entre otros. El diseño y control de las cámaras climatizadas posee diversas aplicaciones en varios sectores industriales como: farmacéutica, alimenticia, productivos y a nivel de laboratorio [4].

Las cámaras climatizadas pueden ser clasificadas en dos tipos según las funciones, aplicación y del clima que se desea en el interior de la cámara, estas pueden ser [2]:

o Cámara de refrigeración: se dice que una cámara es de refrigeración cuando la temperatura en el interior de la cámara es menor que la temperatura ambiental. Esto se logra gracias a la extracción de la energía térmica expresada en forma de calor contenida en el interior de la misma [2].

o La cámara de calefacción: se dice que una cámara es de calefacción cuando la temperatura en el interior llega a ser mayor que la temperatura ambiental, esto es aportando energía en forma de calor en el interior de la cámara. La calefacción viene siempre acompañada con el sistema de humidificación o deshumidificación [2], debido a la relación inversa existente entre la temperatura y la humedad relativa; a elevadas temperaturas, aumenta la capacidad del aire de contener vapor de agua y, por tanto, disminuye la humedad relativa y viceversa [4].

## 1.2. Estado de arte

Un control y monitoreo con controladores digitales y la Interfaz Hombre-Máquina (HMI) en el interior de las cámaras de calefacción resulta de gran utilidad, por facilitar la obtención de las condiciones de *confort* deseadas sin importar cambios del clima en los exteriores [5], permitiendo independizar el clima interno del externo.

Este control no es algo novedoso, debido a que varios expertos en el mundo ya abordaron este tema, y haciendo una revisión de los métodos que se utilizan a nivel mundial para controlar estos sistemas se encontró los siguientes ejemplos:

- La Fundación INTAL, C.I TALSA y la Universidad Pontificia Bolivariana, en el 2012 a través del Grupo de Investigación en Energía y Termodinámica (GET) y el Grupo de Investigaciones Agroindustriales (GRAIN), publicó el trabajo "Diseño y construcción de una cámara de fermentación para la obtención de productos cárnicos madurados", basado en un controlador digital y HMI (interface hombre maquina) [4].

- La Universidad de Almería en España, específicamente el Departamento de Computación, cuenta con un laboratorio remoto para el control de una maqueta de invernadero, que posee controlador digital y una computadora industrial para el monitoreo de las variables del proceso [6].

- En la Universidad Tecnológica de La Habana (CUJAE), dentro de la Facultad de Ingeniería Automática y Biomédica específicamente en el Departamento de Automática y Computación en el 2017, el autor: Frank Ricardo Carrillo, realizó su trabajo de diploma sobre el diseño de un sistema SCADA para el ciclo de refrigeración de PRODAL, utilizando controladores digitales Dixell para el control de temperatura en las salas de conservación de la empresa PRODAL y la interfaz empleado las bondades que ofrece el fabricante Schneider Electric [7].

- La empresa Vitapro localizada en la ciudad de Trujillo en Perú, tiene instalado en su laboratorio experimental cámaras de Microclimas, con una tecnología de punta y utiliza los controladores Dixell para el control de la temperatura y humedad relativa con un sistema XWEB para la interfaz HMI, registrando las variables, y posteriormente el análisis de los principales parámetros del sistema [8].

## 1.3. Descripción general del proceso

El diseño y control de cualquier sistema automatizado, debe partir del estudio de las principales variables de interés presentes en el proceso, así como la interacción de las mismas. La necesidad del control y monitoreo de las variables presentes en las cámaras de almacenamiento de materia prima y productos terminados del CIE es de gran importancia porque una ínfima variación de estos parámetros puede provocar rechazo en la producción y trae como consecuencia la pérdida de productos al país.

Las cámaras fueron diseñadas con el objetivo de conservar materia prima y productos para el proceso tecnológico del centro pero actualmente no están en funcionamiento. Una cámara está formada por diversos sistemas, que pueden ser de calefacción, de humidificación o deshumidificación para llevar a cabo la tarea por la cual fue diseñada (Fig. 1.1).

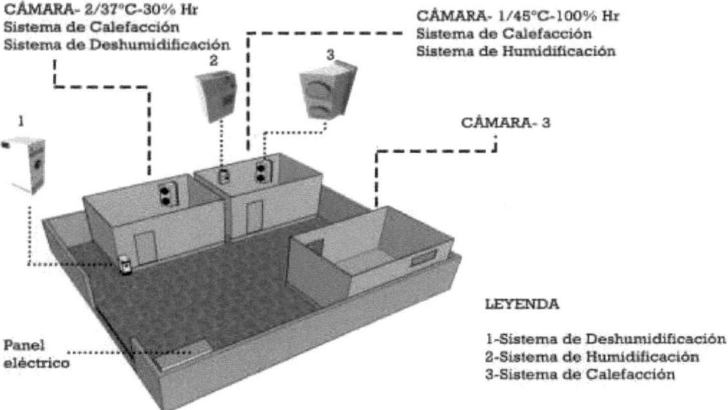


*Figura 1.1. Esquema de sistema de las cámaras de calefacción.*

### 1.3.1. Variables involucradas en las cámaras de calefacción de CIE

Los sistemas que se encuentran en cada una de las cámaras, definen las variables que se trabajan explícitamente. En el sistema de calefacción está involucrada la temperatura, en el sistema de humidificación y deshumidifcación está involucrada la humedad relativa.

#### Temperatura

La temperatura es uno de los más importantes parámetros que se suelen medir en las industrias. Posee ciertas particularidades fundamentales, lo cual determina la necesidad de emplear una gran cantidad de métodos y medios técnicos para medirla. Se define como el parámetro de estado térmico. Su valor depende de la energía cinética media del movimiento de traslación de las moléculas de un cuerpo dado [8, 9].

#### Humedad

El aire en la atmósfera se considera normalmente como una mezcla de dos componentes: aire seco y agua. La capacidad de la atmósfera para recibir vapor de agua se relaciona a la humedad absoluta, que corresponde a la cantidad de agua presente en el aire por unidad de masa de aire seco, y la humedad relativa que es la razón entre la humedad absoluta y la cantidad máxima de agua que admite el aire por unidad de volumen. Se mide en porcentaje entre 0 y 100%, donde el 0% significa aire seco y 100% aire saturado. Esta variable altera las propiedades físicas, químicas y biológicas de una infinidad de materiales, sustancias u organismos. Por ello es una variable medida y controlada con el fin de evitar el deterioro y afectación de la calidad de productos elaborados [10].

### 1.3.2. Sistemas involucrados en las cámaras de calefacción del CIE

#### 1.3.2.1. Sistema de calefacción

El sistema de calefacción busca aumentar la temperatura en el interior de la cámara, que ya viene involucrado con su sistema de ventilación para forzar el calentamiento de aire. Al introducir el calor por medio de ventilación, se asegura que toda la cámara esté con la misma temperatura, debido a la distribución homogénea del flujo.

**Primera y segunda cámara**

En las dos cámaras en estudio, está instalado un sistema de calefacción basado en un banco de resistencia eléctrica con su sistema de ventilación involucrado (Fig. 1.2). Estas resistencias eléctricas son elementos que se fabrican a base de níquel, donde la energía eléctrica se transforma en térmica y esta energía es transferida a través del aire en forma de calor. La cantidad de calor dependerá de la intensidad y del tiempo que esté conectada. De acuerdo a la ley de Joule la cantidad de calor desprendido de una resistencia es directamente proporcional al cuadrado de la intensidad de la corriente y al valor de la resistencia en el tiempo [11].

Datos técnicos:

- Sistema de calefacción está constituido por tres resistencias eléctricas conectadas en forma delta:
    - Potencia eléctrica de cada resistencia: 2 kW
    - Tensión de alimentación: 220 V
    - La corriente que circula por cada resistencia: 10 A

- Sistema de ventilación constituido por dos ventiladores:
    - Corriente de alimentación: 2.2 A (por chapa)
    - Tensión de alimentación: 220 V (por chapa)

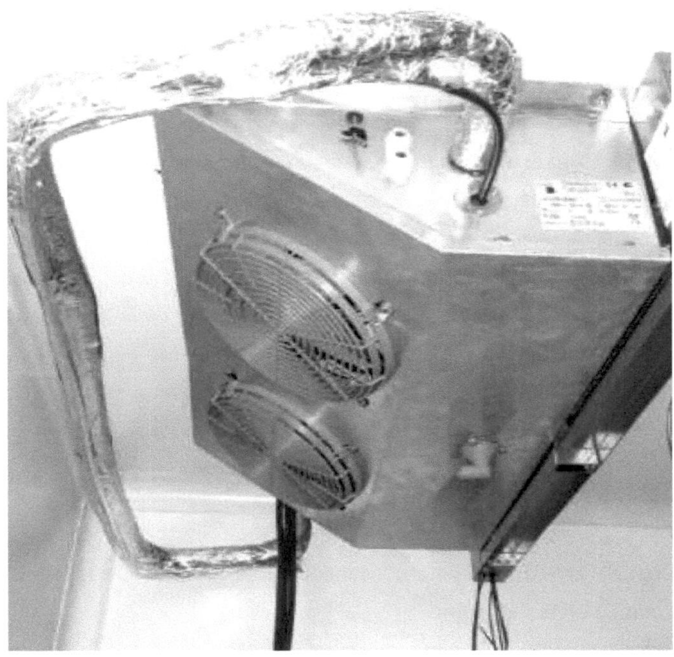

Figura 1.2. Sistema de calefacción por resistencias eléctricas.

### 1.3.2.2. Sistema de humidificación

El sistema de humidificación es el que se encarga de suministrar la humedad a la primera cámara con el objetivo de aumentar la humedad relativa en el interior de la misma a 100%, y se logra a través del humidificador de electrodos sumergidos (Fig. 1.3). Su principio de funcionamiento está basada en el efecto Joule. Utiliza la conductividad eléctrica existente normalmente en el agua para la generación de vapor.

Los electrodos se sumergen directamente en el agua corriente en un cilindro de vapor cerrado. Se conectan a la tensión alterna. Debido a la conductividad del agua se produce un flujo de corriente entre los electrodos, la energía eléctrica conducida se convierte en energía térmica (en forma de calor) y sin pérdidas [12].

La intensidad de corriente se deriva de la tensión existente, de las superficies de los electrodos sumergidos en el agua, y de la distancia media entre electrodos y de la conductividad del agua; la producción de vapor del humidificador depende de la cantidad de energía eléctrica absorbida; la regulación de la producción se realiza mediante la modificación de la superficie de inmersión de los electrodos.

Al aumentar el nivel de agua en el interior del cilindro, disminuye la resistencia eléctrica, por lo que se debe aumentar la corriente absorbida. Esta corriente es directamente proporcional a la producción de vapor.

El humidificador está compuesto por un mueble que contiene: una parte hidráulica que se encarga de la producción de vapor con su válvula para el llenado/vaciado de agua, bomba de drenaje, un cuadro eléctrico, y un cuadro electrónico que se encarga de accionar sobre la válvula y bomba anteriormente mencionadas, que están en la parte hidráulica del sistema, a través del controlador que se encuentra en el humidificador.

Cuando es necesario aportar humedad, el control electrónico activa un contactor de potencia el cual permite el paso de la tensión hasta los electrodos sumergidos en el agua. Cuando la producción de vapor desciende por debajo del valor impostado en el control, se abre la válvula de llenado, restableciendo su nivel y por lo tanto la producción de vapor [12].

Datos técnicos:

- Producción de vapor: 2.0 kg/h
- Conexión eléctrica: 220 V, 50 – 60 Hz
- Potencia eléctrica: 1.5 kW
- Consumo de corriente: 6.5 A
- Conductividad del agua de alimentación: 125 a 1250 uS/cm
- Temperatura del agua de alimentación: 15 a 30 °C

*Figura 1.3. Sistema de Humidificación.*

### 1.3.2.3. Sistema de deshumidificación

El sistema de deshumidificación es el que se encarga de absorber la humedad en la segunda cámara con el objetivo de bajar la humedad relativa en el interior de la misma a 30%, y esto se logra gracias al deshumidificador de aire por rotor desecante (Fig. 1.4). Su principio de funcionamiento es en base a un elemento absorbente de la humedad del aire que tiene la configuración de un cilindro con una multitud de pequeños canales del material secante en el mismo sentido de avance del aire. El deshumidificador incluye un sistema mecánico de giro del rotor desecante, que hace que el efecto de deshumidificación sea continuo y uniforme, con un consumo moderado de energía [13].

Datos técnicos:

- Caudal aire proceso/ seco: 300 m$^3$/h
- Presión disponible: 300 Pa
- Caudal aire reactivación/ mojado: 90 m$^3$/h
- Presión disponible: 100 Pa
- Capacidad nominal de secado: 1.4 kg/h

- Potencia nominal: 2.9 kW
- Intensidad nominal: 11 A
- Potencia motor proceso: 400 W
- Potencia  motor reactivación: 80 W
- Tipo de carga: AC-1
- Corriente de alimentación: 220 V, 50 Hz

Figura 1.4. Sistema de deshumidificador de aire por rotor.

Cabe destacar que el aire seco que sale del sistema de deshumidificación y entra en la cámara no afecta la temperatura en el interior de la misma simplemente afecta la humedad relativa, disminuyendo su valor hasta alcanzar el deseado.

## 1.4. Conclusiones parciales

En este capítulo se realizó un estudio completo de las cámaras de calefacción del CIE, y se describieron los sistemas que componen cada cámara de manera detallada, así como las variables que están involucradas en cada uno de los sistemas. Además, se realizó una búsqueda a nivel mundial de los métodos que se utilizan para controlar estos sistemas.

# Capítulo 2

## "Elementos para la automatización de las cámaras"

### 2.1. Introducción

La instrumentación es la base para el control de procesos en la industria. Para obtener un producto con altos estándares de calidad, en las cámaras de calefacción, es necesario un meticuloso control de proceso que depende del sistema de mediciones escogido.

Dentro de la instrumentación necesaria en un proceso: los sensores, transmisores y elementos de acción finales son de vital importancia para un control preciso de las variables a controlar. En el sistema existen varios medios de automatización: algunos deteriorados y otros no cuentan con el *software* y aditamento necesarios para la programación como es el caso de los controladores EATON instalados en el local.

### 2.2. Levantamiento de los medios técnicos de automatización existentes y propuestas realizadas

Para un funcionamiento y control seguro de las cámaras de calefacción es necesario realizar un levantamiento instrumental y propuestas en caso necesario de varios dispositivos.

En la tabla 2.1, se muestran los medios técnicos de automatización existentes en el local, así como los propuestos en este trabajo.

*Tabla 2.1. Medios técnicos de automatización del sistema de control disponible.*

| Descripción | Cantidad | Fabricante | Referencias |
|---|---|---|---|
| Sensor de temperatura | 2 | Siemens | Pt100 |
| Sensor de humedad | 2 | *Ascon Tecnológic* | TRH11 |

En la tabla 2.2, se muestra los medios técnicos de automatización propuestos en este trabajo.

*Tabla 2.2. Medios técnicos de automatización propuestos en este trabajo.*

| Descripción | Cantidad | Fabricante | Referencias |
|---|---|---|---|
| *Breaker* principal | 2 | *Schneider Electric* | A9F74332 |
| *Breaker* para resistencias | 2 | *Schneider Electric* | A9F74316 |
| *Breaker* para humidificador | 1 | *Schneider Electric* | A9F74316 |
| Contactor para resistencias | 2 | *Schneider Electric* | LC1D09M7 |
| Contactor para ventiladores | 2 | *Schneider Electric* | LC1D09M7 |
| Contactor para humidificador | 1 | *Schneider Electric* | LC1D09M7 |
| Guardamotor para ventilador | 4 | *Schneider Electric* | GV2ME10 |
| Controladores de temperatura | 2 | *Emerson (Dixell)* | XR01CX |
| Controladores de humedad | 2 | *Emerson (Dixell)* | XT120C |
| Sistema XWEB | 1 | *Emerson* | XWEB500 |

## 2.2.1. Disyuntor

Es un aparato capaz de interrumpir o abrir un circuito eléctrico cuando la intensidad de la corriente eléctrica que por él circula excede de un determinado valor o en el que se ha producido un cortocircuito, con el objetivo de evitar daños a los equipos eléctricos, se selecciona del fabricante *Schneider Electric* con las siguientes características (Fig. 2.1): [14].

Datos técnicos:

- Número de polos: 3 polos
- Numero de polos protegidos: 3 polos
- Corriente nominal: 32 A (disyuntor principal)
- Corriente nominal: 15 A (disyuntor para las resistencias)

- Tipo de red: AC y DC
- Frecuencia de la red: 50/60 Hz
- Tecnología de unidad de disparo: térmico - magnético
- Tipo de curva: C

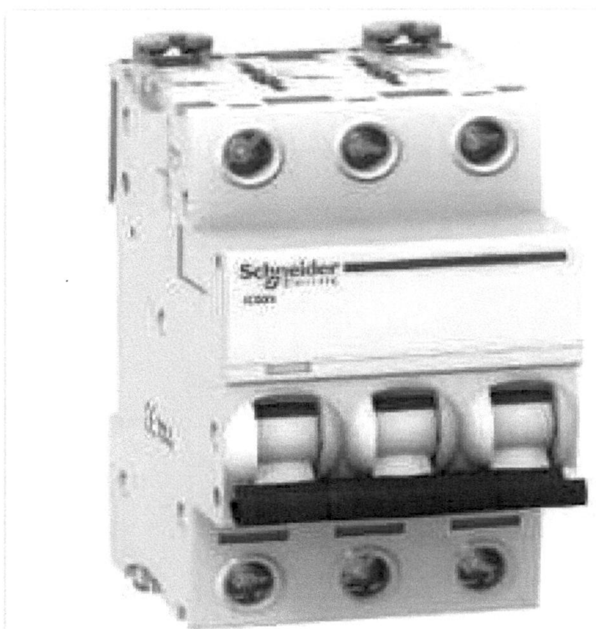

*Figura 2.1. Disyuntor para protección de equipos.*

## 2.2.2. Contactor electromagnético

Un contactor es un elemento que dispone de dos contactos principales también llamados de potencia que son gobernados mediante un vástago solidario a la culata que es atraída por el núcleo, el cual lleva alojada una bobina de alimentación. Solamente tiene un vástago estable, es decir, se encuentra conectado o desconectado. Es un elemento de gobierno de altas potencias mediante tensiones e intensidades pequeñas a distancia por medio de un circuito electromagnético o electroimán [15].

Para accionar sobre el sistema de humidificación, de fuerza para arranque de los motores que componen los sistemas de ventilación y accionar sobre resistencias para la calefacción, se seleccionó el contactor electromagnético (Fig. 2.2) del fabricante *Schneider Electric* con las siguientes características: [15]

Datos técnicos:

- Número de polos: 3 polos
- Composición de polo de potencia: 3 NA
- Tensión nominal: 220/230 V
- Frecuencia de la red: 60 Hz
- Corriente de empleo: 25 A (para ventiladores)
- Tensión de circuito de control: 220 V
- Tipo de circuito de control : CA 50/60 Hz
- Sin contacto auxiliares instantáneo

*Figura 2.2. Equipo de arrancador para resistencias y ventiladores.*

### 2.2.3. Guarda motor para ventilador

Un guardamotor magnetotérmico es un interruptor operado electromagnéticamente que ofrece un método seguro para arrancar un motor eléctrico con una carga grande. Los accionadores de partida magnética también ofrecen protección contra contracorriente, sobrecarga y corte automático en el caso de fallo de energía [16].

Para la protección del motor que está incorporado en el sistema de deshumidificación y de los ventiladores, además se utiliza este guardamotor del fabricante *Schneider Electric* con las siguientes características: (Fig. 2.3).

Datos técnicos:

- Descripción de polos: 3 polos
- Tipo de red: Corriente alterna (CA)
- Frecuencia da red:  50/60 Hz
- Corriente nominal: 6.3 A
- Gama de ajuste de protección térmica: 4…6.3 A

*Figura 2.3. Guardamotor para la protección del ventilador.*

## 2.2.4. Sensores

Un sensor es un dispositivo que detecta una variable física, y la convierte en una variable eléctrica. Este es un elemento importante en todo el sistema de control, algunos de estos dispositivo ya vienen involucrados con transmisores para convertir la señal de salida del sensor a una señal de control lo suficientemente fuerte como para transmitirla [17].

**Sensor de temperatura**

La medición de la temperatura es una de las mediciones más comunes en la aplicaciones tanto industriales como a nivel de laboratorio. Existen variedades de dispositivos construidos con la finalidad de medir de forma correcta esta variable, donde cada uno posee características totalmente diferentes uno del otro dependiendo del principio de funcionamiento y su estructura física; los sensores que se suele utilizar más  en el sector industrial están divididos en dos grandes grupos (Fig. 2.4) [17],[18]:

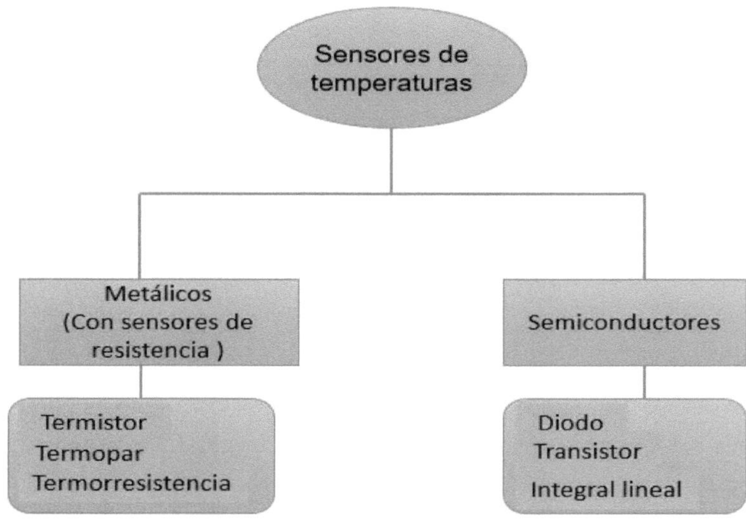


Figura 2.4. Clasificación de Sensores de temperatura.

**Sensores basados en semiconductores**

Existen diversos circuitos integrados que contienen de forma monolítica la electrónica necesaria combinada con el sensor semiconductor de temperatura. Es decir incluyen la electrónica indispensable para el acondicionamiento de la señal y el sensor medidor de la temperatura.

La innovación más reciente en sistema de medición ha sido el diseño de transductores de temperatura con circuitos integrados; estos se encuentran disponibles tanto en configuraciones de salidas en tensión como en corriente, ambos entregan una salida que es proporcionalmente lineal a la temperatura [17,18].

Los sensores semiconductores integrados se fundamentan en la característica básica de la unión P-N de los semiconductores. Están formados por circuitos integrados monolíticos, el cual presenta una salida lineal y proporcional a la temperatura. Comercialmente se consiguen sensores semiconductores integrados que presentan salidas en tensión analógica y en forma digital. Estos sensores por estar hechos a base de silicio, su intervalo de temperatura está limitada aproximadamente hasta los 150°C [17,18].

**Termistores:** son sensores de temperatura de tipo resistivo; el nombre de termistor nace de la contracción de las palabras inglesas *"thermal"* y *"resistor"* (resistencia sensible a la temperatura). Los termistores se dividen en dos grupos atendiendo al signo del coeficiente de temperatura de la resistencia: NTC (*Negative Temperature Coefficient*) que presentan un coeficiente de temperatura negativo y PTC (*Positive Temperature Coefficient*) con un coeficiente de temperatura positivo.

Los termistores son resistencias de material semiconductor cuya resistencia aumenta o disminuye cuando aumenta la temperatura y están constituidos por una mezcla de óxidos metálicos. Básicamente, el incremento de la temperatura aporta la energía necesaria para que se incremente el número de portadores capaces de moverse, lo que lleva a un incremento en la conductividad del material.

En un NTC la resistencia disminuye a medida que aumenta la temperatura y viceversa para el caso de PTC [17,18].

**Termopar:** Un termopar es un sensor de temperatura constituido por dos metales diferentes cuya característica principal es producir una tensión proporcional a la diferencia de temperaturas entre dos puntos de unión de ambos metales. Cuando dos metales diferentes son unidos en sus extremos, y éstos se mantienen a diferentes temperaturas, se establece una corriente que fluye en el circuito termoeléctrico (efecto Seebeck). Debido a su versatilidad, el termopar es muy utilizado para la medición de temperaturas entre 500°C y 1500°C. Los diferentes tipos de termopares están divididos por el metal que los componen, siendo los más comunes: hierro, cromel, cobre y platino [17,18].

## Termorresistencia RTD (PT100)

El sensor de temperatura PT100 es un tipo específico de RTD. Un RTD (*Resistance Temperature Detector*) es un detector de temperatura resistivo, es decir, un sensor de temperatura cuyo principio de medición es la variación de la resistencia de un conductor en función de su temperatura. Al aumentar la temperatura en un metal habrá una mayor agitación térmica, dispersándose más los electrones y reduciéndose su velocidad media, teniendo como consecuencia el aumento de la resistencia. A mayor temperatura, mayor agitación, y mayor resistencia. Los sensores PT100 consisten en un alambre de platino encapsulado con una resistencia de 100 Ohm a 0°C (característica principal que da nombre al sensor). La resistencia del PT100 varía en función de su temperatura, por lo que si se logra medir el valor de resistencia se podrá saber cuál es la temperatura en ese instante. Existen sensores PT100 de dos, tres y cuatro hilos de conexión. Los PT100 son levemente más costosos y mecánicamente no tan rígidos como las termocuplas, pero los superan en precisión especialmente en aplicaciones de temperaturas bajas (-100°C a +200°C). Una ventaja del sensor PT100 es que al contrario que otros sensores que se degradan con el tiempo y dan lecturas erróneas, el PT100 abre el circuito y se puede saber cuándo es necesario cambiarlo. Normalmente son hechas de Níquel, Cobre, y Platino (Fig. 2.5) [ 19].

Datos técnicos:

- Fabricante: Siemens
- Rango de Trabajo: -100 °C hasta 400 °C
- Conexión: 3 Hilos
- Dimensiones: D5 mm x L100 mm
- Longitud del cable: 0.5 m
- Diámetro de la rosca: 8 mm/0.31"
- Longitud de cable: 1 m
- Material de sonda: acero inoxidable
- Resistente al agua

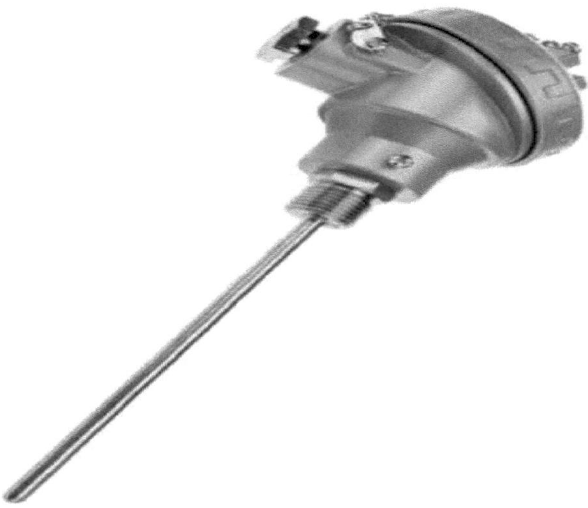

*Figura 2.5. Sensor para medición de temperatura (PT100) instalado en las cámaras.*

## Sensor de humedad

Existen muchas técnicas diferentes para la medición de la humedad. En la práctica, la humedad es una variable difícil de medir, y la incertidumbre es mayor que en otras variables de medición como la masa, temperatura, presión, entre otras. Entre los principales métodos para la medición de la humedad se encuentran: los métodos de desplazamiento positivo, de absorción de líquido, de psicómetro y capacitivos [20].

**Desplazamiento: Sensores de deformación**

Estos dispositivos aprovechan los cambios en las dimensiones que sufren ciertos tipos de materiales en presencia de la humedad. Los más afectados son algunas fibras orgánicas y sintéticas, como por ejemplo el cabello humano o de animales como el caballo, aunque en la actualidad solo se usan fibras sintéticas. Al aumentar la humedad relativa, las fibras aumentan de tamaño, es decir, se alargan. Luego, esta deformación es amplificada de alguna manera (por palancas mecánicas, o circuitos electrónicos), y graduada de acuerdo a la proporcionalidad con la humedad relativa [20, 21].

**Por absorción de líquido: Sensores por condensación**

El método por absorción de líquido utiliza sensores por condensación. Este método consiste en calcular la humedad relativa a partir de la determinación del punto de rocío. El punto de rocío es la temperatura límite a la que el vapor de agua existente en el aire (gas) se condensa pasando al estado de equilibrio. Para lograr esta medición se utiliza un dispositivo llamado comúnmente higrómetro óptico por condensación, y funciona proyectando un haz de luz sobre un espejo de platino que a su vez la refleja hacia una foto resistencia. El espejo es calentado o enfriado hasta conseguir un efecto de condensación, justo en ese momento, se calcula el punto de rocío y por lo tanto la humedad relativa del ambiente [20, 21].

**Psicrómetro: Sensor de bulbo húmedo y seco**

Este tipo de sensor se basa fundamentalmente en la medición de temperatura, y partiendo de ella deducir la cantidad de vapor de agua presente en una mezcla gaseosa. La idea consiste en disponer de dos termómetros lo más idénticos posibles. Uno de ellos mide la temperatura de la mezcla (temperatura de bulbo seco), y el otro la temperatura en la superficie de una película de agua que se evapora en forma adiabática (temperatura de bulbo húmedo), esto se logra envolviendo el bulbo de uno de los termómetros con un algodón humedecido con agua (de ahí el nombre de bulbo húmedo). Las moléculas de agua presentes en el algodón absorberán la energía necesaria para evaporarse del bulbo del termómetro, disminuyendo la temperatura del mismo algunos grados por debajo en comparación a la temperatura del termómetro seco. Al conocerse el valor de ambas variables es posible determinar la humedad relativa, usando ecuaciones, tablas o gráficos psicrométricos [20, 21].

**Resistivos: Sensores de bloque de polímero resistivo**

Los sensores resistivos están compuestos de un sustrato cerámico aislante sobre el cual se deposita una rejilla de electrodos. Estos electrodos se cubren con una sal sensible a la humedad rodeada de una resina (polímero), y a su vez la resina se recubre con una capa protectora (permeable al vapor de agua). A medida que la humedad atraviesa la capa de protección, el polímero resulta ionizado y estos iones se movilizan dentro de la resina. Cuando los electrodos son excitados por una corriente alterna, la impedancia del sensor se mide y es usada para calcular el porcentaje de humedad relativa [20, 21].

**Sensores capacitivos**

Para la medición de humedad en las cámaras de calefacción están instalados sensores capacitivos. Estos sensores son quizás los más difundidos en la industria y meteorología, pues son de fácil producción, bajo costo y alta fidelidad. El principio en el cual se basa este tipo de sensores es en el cambio que sufre la capacidad de un condensador al variar la constante dieléctrica del mismo, por lo tanto se utiliza la mezcla gaseosa (agua/aire) como dieléctrico entre las placas del condensador [20, 21]. Este tipo de sensor es especialmente apropiado para ambientes de altas temperaturas porque el coeficiente de temperatura es bajo y el polímero dieléctrico puede soportar altas temperaturas. Los sensores capacitivos son también apropiados para aplicaciones que requieran un alto grado de sensibilidad a niveles bajos de humedad, donde proveen una respuesta relativamente rápida (Fig. 2.6) [22].

Datos técnicos:

- Fabricante: *Ascon Tecnologic*
- Rango de medición : 0% … 100% Hr
- Precisión total: ± 3% (0…100% Hr)

- Velocidad máxima: 20 m/s

- Tiempo de respuesta: 30 s

- Alimentación 9…30 VDC

- Señal de salida: 4 … 20 mA

- Tiempo de recuperación después de saturación: 90 s (cerca)

*Figura 2.6.Sensor de humedad relativa instalada en las cámaras.*

### 2.2.5. Controladores digitales

Son pequeñas instalaciones inteligentes que se componen de entradas de sensores, indicadores digitales y salidas de regulación. Existen controladores digitales para diferentes trabajos de medición y regulación. Los controladores digitales se configuran a través de las teclas que presenta el propio controlador. Existe la posibilidad de establecer valores nominales para definir así el proceso de regulación. Varios controladores digitales disponen de salidas de regulación, salidas para señales normalizadas a las que se puede conectar un sistema de visualización para controlar el proceso de regulación.

Para el control de la temperatura y la humedad relativa en las cámaras del CIE se propone la utilización de los controladores digitales de fabricante *Emerson,* por el estándar que ha propuesto el Instituto de refrigeración y climatización cubana, además es un instrumento completamente configurable a través de parámetros en las etiquetas definidos que pueden ser fácilmente programados a través del teclado frontal o de la *Hot Key*, que es un entrada que dispone el dispositivo, con el mismo equipo se puede controlar varios procesos [23].

### 2.2.5.1. Control de temperatura, acción del controlador y características

Para la regulación de la temperatura se utiliza el controlador digital *Dixell* del fabricante *Emerson* con el modelo *XR-01CX* (Figura 2.7); este permite seleccionar el tipo de acción a través del parámetro *CH*, si CH = cL -- > calefacción, y si CH = Ht -- > refrigeración [23].

Características del controlador digital:

- Una salida a relé (SPST), 20 A, 250 V
- Temporizador interno
- Una entrada para sondas NTC (coeficiente de temperatura negativa) o Pt100
- Una entrada digital configurable
- Alimentación 110 … 230 Vac, 50/60 Hz
- Memoria EEPROM no volátil
- *Display* de 2 dígitos, LEDs rojos, altura 14.2 mm
- Potencia absorbida: 3.5 VA  máximo

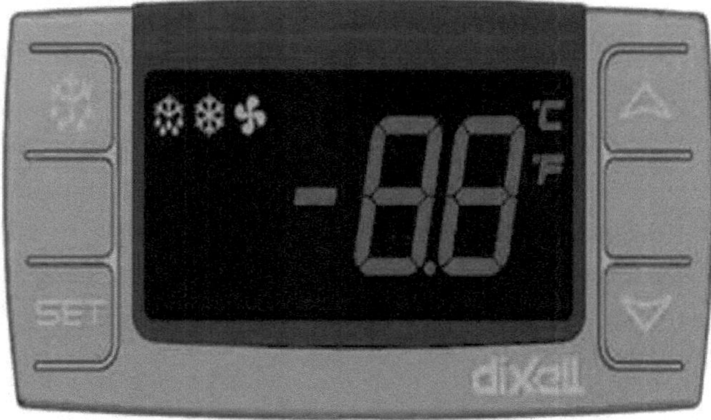

Figura 2.7. Controlador digital Dixell modelo XR-01CX, para el control de temperatura.

**Regulación de temperatura en las cámaras mediante el controlador Dixell**

La regulación se realiza de acuerdo a la temperatura medida por la sonda termostática con un diferencial negativo respecto al punto de intervención (*Set Point*) [23]: si la temperatura disminuye y alcanza el valor del punto de intervención menos el diferencial, se acciona sobre las resistencias para el sistema de calefacción y se arranca los ventiladores para el sistema de ventilación proporcionando la distribución homogénea del aire en el interior de las cámaras, se detiene cuando la temperatura alcanza nuevamente el valor correspondiente al punto de intervención (Fig. 2.8).

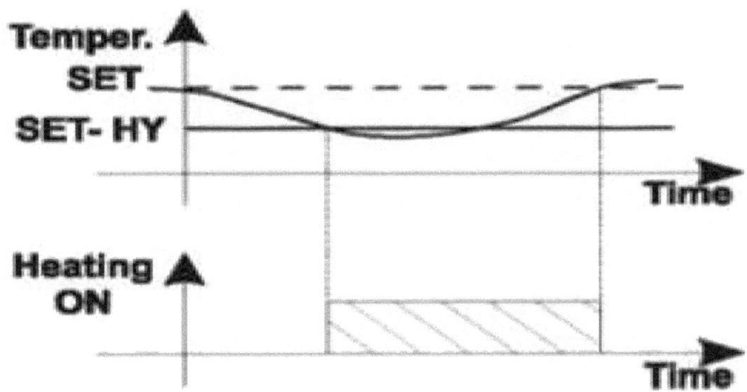


*Figura 2.8. Curva característica para regulación de temperatura.*

*2.2.5.2. Control de humedad relativa, acción del controlador y características*

Para el control de humedad relativa se utiliza el controlador digital *Dixell* con el modelo *Xt120C* (Fig. 2.9), son controladores que se pueden utilizar para la temperatura o humedad mediante la acción directa o inversa, seleccionable por el usuario. Además, se puede configurar y parametrizar a través de una entrada llamada *Hot Key* [24].

**Características del controlador digital para el control de humedad relativa**

- Alimentación: 230 Vca, 50/60 Hz
- Potencia absorbida: 3 VA máximo

- *Display*: 3 ½ dígitos, LEDs rojos
- Entrada configurable: NTC/PTC/Pt100/Termopares J, K, S
  4...20 mA / 0 - 1 V / 0 – 10 V
- Una entrada digital
- Dos salidas a relé 8 A y 230 V
- Memoria EEPROM no volátil

*Figura 2.9. Controlador digital Dixell modelo Xt120C para el control de la humedad relativa en las cámaras de calefacción.*

**Regulación de la humedad relativa en las cámaras mediante el controlador Dixell**

La regulación de la humedad se lleva a cabo a través de la zona muerta, por acciones de humidificación o deshumidificación [24].

**Humidificación:** La humidificación se hace posible a través de la salida de relé que tiene el controlador para el sistema de humidificación, cuando la humedad es inferior al valor "*Set Point* menos la lectura del sensor", el humidificador suministra la humedad en la cámara; prácticamente el controlador solo sirve para llevar a cabo el arranque o parada del humidificador y posibilitar el monitoreo. El relé se apagará cuando la humedad alcance los valores establecidos (Fig. 2.10).

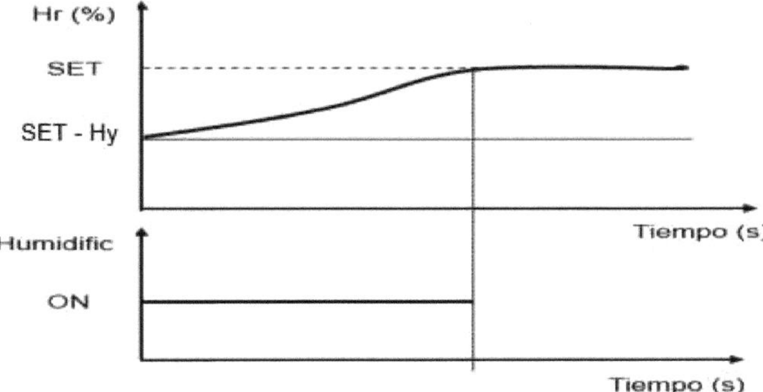


*Figura 2.10. Curva característica para el control de arranque del humidificador.*

**Deshumidificación:** la deshumidificación se realiza mediante la salida de relé del controlador para deshumidificar, cuando la humedad es mayor que "*Set Point* más la lectura del sensor". Se activa la salida a relé del controlador arrancado el deshumidificador, y la salida a relé se deshabilitará apagando el motor del deshumidificador cuando la humedad vuelve al valor *Set Point (Fig. 2.11)*. [24]

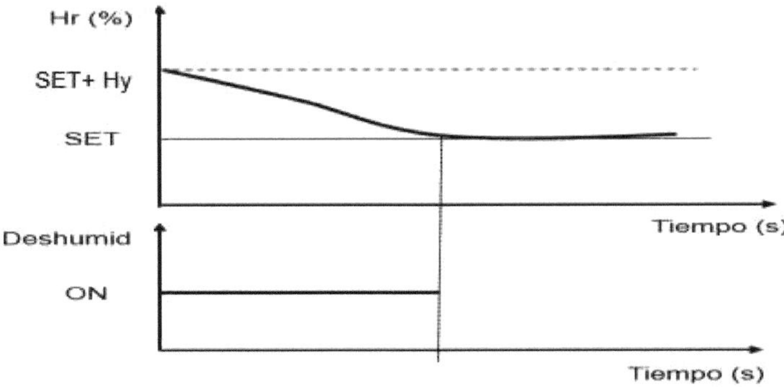


*Figura 2.11. Curva característica para el control de arranque del deshumidificador.*

## 2.3. Plano eléctrico de sistema propuesto

Un plano eléctrico es la representación de los diferentes circuitos que componen y definen las características de una instalación eléctrica y es donde se detallan las particularidades de los materiales y dispositivos existentes [25]; se representa la instalación eléctrica de varios sistemas que se encuentran instalados en las cámaras. Para presentar estos planos se utilizan diferentes tipos de esquemas eléctricos normalizados y estandarizados, entendiendo como esquema eléctrico el conjunto de conexiones y relaciones eléctricas coherentes mediante símbolos de los componentes de un sistema eléctrico.

Para garantizar el adecuado montaje de la propuesta se elaboraron tres planos eléctricos utilizando el *software AUTOCAD®* 2018. En la figura 2.12 se muestra el plano con la interconexión del equipamiento para el funcionamiento del sistema que aporta calor en el interior de las cámaras.

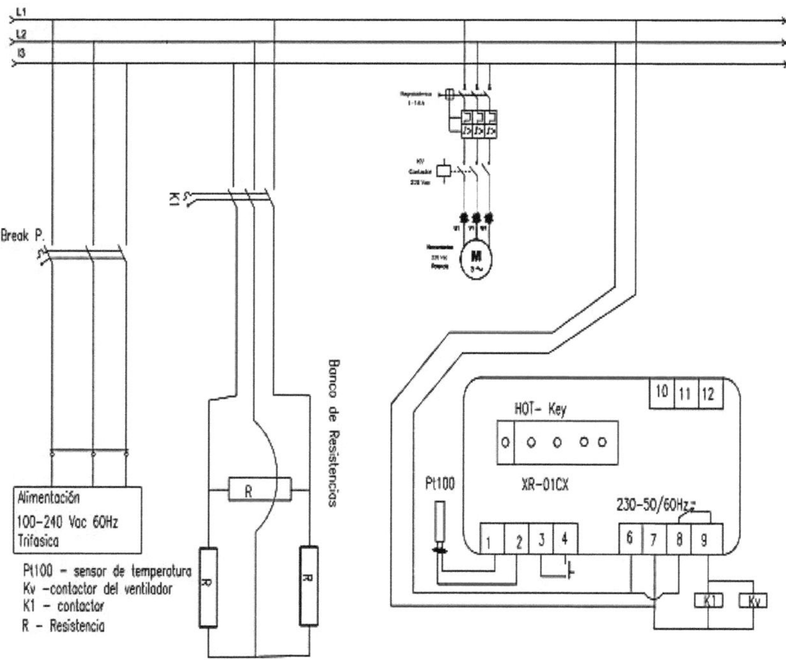


*Figura 2.12. Plano eléctrico para la conexión del sistema de calefacción.*

En la figura 2.13, se muestra el plano eléctrico de la conexión del sistema de deshumidificación con el controlador digital para garantizar la mejor conexión entre los dispositivos.

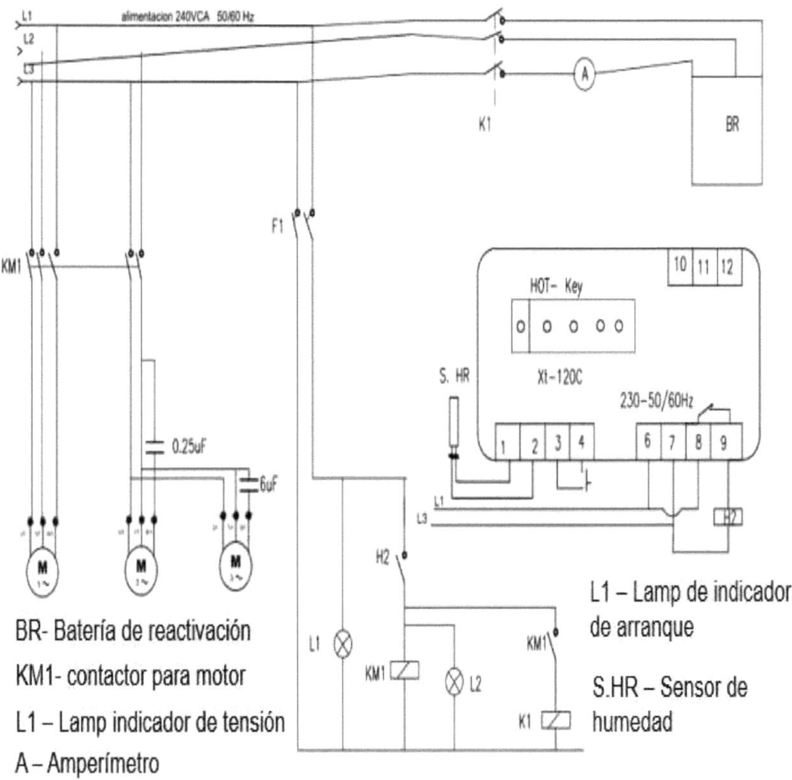


*Figura 2.13. Plano eléctrico de la conexión del sistema de deshumidificación.*

A continuación se muestra la conexión eléctrica del sistema encargado del control y suministro de humedad en la primera cámara de calefacción (Fig. 2.14).

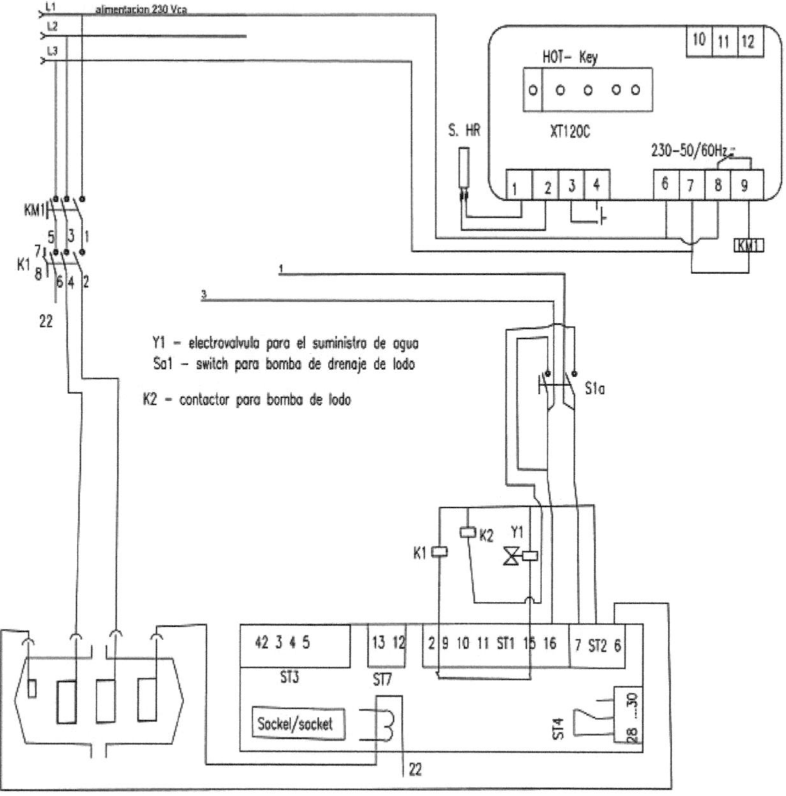


Figura 2.14. Plano eléctrico del sistema de humidificación con su control.

## 2.4. Conclusiones parciales

En este capítulo se realizó el levantamiento de los medios técnicos que se encuentran en el Centro, la descripción de los instrumentos que forman parte de la propuesta y la elaboración de los planos eléctricos para facilitar la conexión de los equipos. Además, se describe el modo de arranque de cada sistema que se encuentra en las cámaras, justificándose en cada caso la elección de sistema de control utilizado.

# Capítulo 3

## "Configuración y parametrización de los controladores y del sistema de monitorización"

### 3.1. Introducción

La automatización industrial consiste en gobernar la actividad y la evolución de los procesos sin la intervención continua de un operador humano. En los últimos años, se ha estado desarrollando el sistema de interfaz hombre – máquina, por medio del cual se puede supervisar y controlar las distintas variables que se presentan en un proceso. Para ello se utiliza periféricos, *softwares* de aplicación, sistemas de comunicación [26].

La intercomunicación de sistemas y procesos no es un proceso nuevo pues es ampliamente conocido por ofrecer los requerimientos necesarios en las instalaciones de baja y media complejidad. En este capítulo se realizará la configuración y parametrización de los controladores, la red de comunicación que posibilitará la conexión de los dispositivos del control con el dispositivo encargado del monitoreo y registro de valores que toman las variables en el proceso.

### 3.2. Selección de instrumentos para el sistema SCADA (monitoreo)

### 3.2.1. Pirámide de automatización

La automatización de procesos productivos es uno de los aspectos que más ha evolucionado en la industria desde sus comienzos. La integración de tecnologías clásicas como la mecánica y la electricidad con otras más modernas (electrónica, informática, telecomunicaciones, etc.) está haciendo posible esta evolución.

Esta integración de tecnologías queda representada en la llamada "pirámide de automatización", que recoge los cinco niveles tecnológicos que se pueden encontrar en un entorno industrial [27]. Las tecnologías se relacionan entre sí, tanto dentro de cada nivel como entre los distintos niveles a través de los diferentes estándares de comunicaciones industriales.

Este trabajo de investigación presenta una pirámide de automatización con tres niveles en la que el nivel bajo (nivel de campo) está formado por elementos de medición que son: sensores de temperatura y de humedad relativa y los actuadores que se encargan de ejecutar las órdenes de los elementos de control; en el nivel intermedio (nivel de control) se interconectan estos elementos del nivel inferior para funcionar de forma sincronizada a través de los controladores [26[27]. Posteriormente se encuentra el nivel de monitorización donde las variables existentes en el sistema o proceso es posible monitorizarlas a través de un sistema de comunicación (Fig. 3.1).

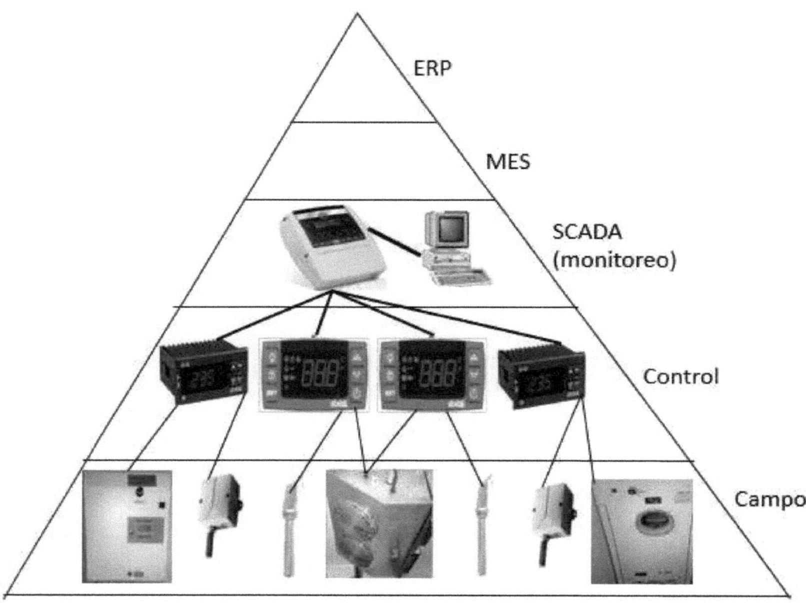


Figura 3.1. Pirámide de automatización propuesta.

### 3.2.2. Sistema SCADA

Un sistema SCADA, acrónimo de *Supervisory Control and Data Acquisition System* (Control Supervisor y Adquisición de Datos), es una aplicación o conjunto de aplicaciones informáticas con la finalidad de acceso a datos de la planta o procesos, interfaz gráfica de alto nivel, control y tratamiento de datos para auxiliar al operador del proceso según su nivel de control (SCADA); con las siguientes funciones [27]:

- Adquisición y almacenamiento de datos.
- Control, es actuar sobre los autómatas y reguladores autónomos (cambios de consignas, alarmas, menús, etc.).
- Supervisión del estado del proceso, es tomar medidas para rectificar desviaciones del comportamiento normal o asistiendo al operador en la toma de decisiones. Implicando la utilización de representación gráfica y animada de variables de proceso y monitorización de estas por medio de alarmas.

Para las cámaras de calefacción lo que se requiere es nada más que el sistema de monitoreo con las funcionalidades de: la adquisición y registro de datos, notificación de alarmas informativos, y la centralización de todos los datos de proceso en un ordenador o red.

## 3.3. Red de comunicación

Las comunicaciones deben poseer unas características particulares para responder a las necesidades de intercomunicación en tiempo real. Además, deben resistir a un ambiente hostil donde existe gran cantidad de ruidos electromagnéticos y condiciones ambientales duras. En el uso de comunicaciones industriales se pueden separar dos áreas principales: una comunicación a nivel de campo, y una comunicación hacia el nivel de la supervisión. En ambos casos la transmisión de datos se realiza en tiempo real o, por lo menos con una demora que no es significativa con respecto a los tiempos del proceso, pudiendo ser crítico para el nivel de campo, para esto se necesita instalar una red según la aplicación industrial que se requiera [26].

### 3.3.1. Bus de campo

Un bus de campo es, un sistema de dispositivos de campo (sensores y actuadores) y dispositivos de control, que comparten un bus digital bidireccional para transmitir informaciones entre ellos, sustituyendo a la transmisión convencional [26].

**Modbus**

Es un protocolo de comunicación serie desarrollado y publicado por Modicon. Es uno de los protocolos de comunicación más utilizados en los sectores industriales y sistemas de monitorización.

El objetivo de este protocolo es la transmisión de información entre distintos equipos electrónicos conectados a un mismo bus; existiendo en dicho bus un solo dispositivo maestro (*Master*) y varios equipos esclavos (*Slaves*) conectados.

En su origen solo estaba orientado a una conectividad a través de líneas series como pueden ser **RS232 o RS485**, pero con el paso del tiempo han aparecido variantes como Modbus TCP, que permite el encapsulado del Modbus serie en tramas Ethernet TCP/IP de forma sencilla. Esto sucede porque desde un punto de vista de la pirámide OSI (Organización Internacional para la Normativa), el protocolo Modbus está ubicado en la capa de la aplicación [26].

La red de comunicación entre los controladores se establecerá a través del protocolo serie **Modbus RTU** donde los dispositivos se interconectan según la norma física **RS485** [26]; con la finalidad de transmitir información entre los controladores digitales conectados en un mismo bus con un sistema XWEB.

Desde el punto de vista técnico su implementación es muy sencilla y la transmisión de informaciones no está comprometida con ningún tipo de datos. Lo que implica cierta flexibilidad a la hora de intercambio de información.

### 3.3.2. Control de la línea serial RS485

Todos los dispositivos Modbus compatibles cuentan con una salida del tipo RS485; algunos dispositivos compatibles pueden no tener dicha salida en forma directa, sino obtenida  mediante un pequeño convertidor externo que transforma una salida tipo "TTL" con 5 cables, RS485 (XJRS485 o XJ485) según el modelo del dispositivo.

Los controladores digitales utilizados en las cámaras traen incorporados para establecer comunicación el dispositivo **XJ485** que es un conversor TTL/RS-485 (Fig. 3.2) [23, 28].

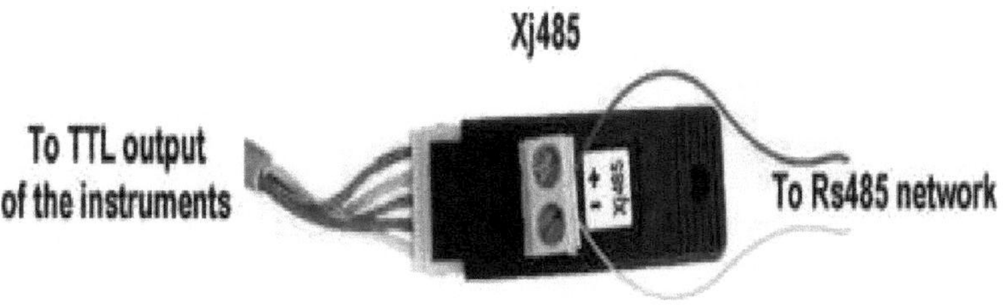



*Figura 3.2. XJ485 para comunicación RS-485.*

Los parámetros de la red Modbus de estos controladores se muestra en la tabla 3.1.

*Tabla 3.1. Parámetros para la comunicación Modbus entre los dispositivos Dixell [23].*

| Parámetros | Dispositivos Dixell |
|---|---|
| *Baud Rate* | 9600 baudios |
| Longitud de trama | 8 bits |
| Bit de paridad | No |
| Bit de parada | 1 |
| Tiempo mínimo entre trama | 500 ms (milisegundos) |

Debido a la necesidad de introducir un controlador para facilitar el sistema de monitoreo, el montaje de la red hasta los controladores digitales se utilizará una variante de Modbus empleando cable de dos vías, trenzado y apantallado; para mantener equilibrada la línea física RS-485, el extremo termina con una resistencia de 120 Ω. Los detalles de la conexión se muestran en la figura 3.2 [28].

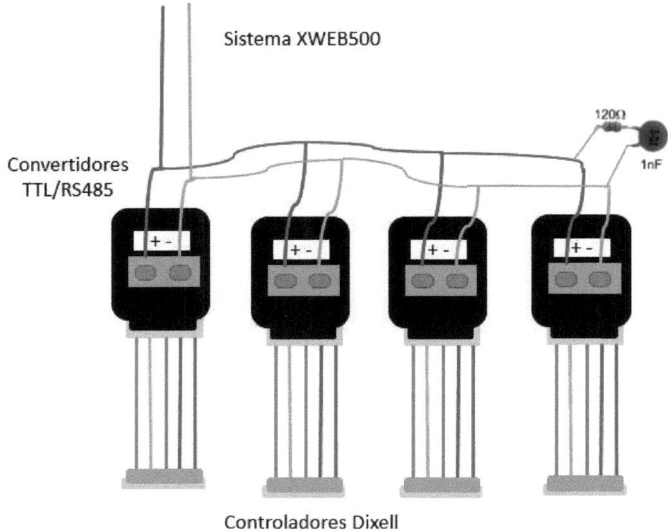


*Figura 3.2. Comunicación RS-485 utilizando conector RJ45.*

## 3.4. Sistema de monitoreo

Para el sistema de monitoreo de las variables presentes en el proceso y los estados de las alarmas de las mimas, la empresa decidió utilizar un sistema de monitoreo que es mediante un Servidor *Web,* esto gracias al dispositivo XWEB500 con un sistema operativo *Linux* instalado, de la familia *Dixell* que el fabricante *Emerson* brinda con posibilidad a la conexión de varios clientes a través de una PC con el IP que se le concede a cada usuario conectado a la red garantizando la máxima eficiencia y fiabilidad [28].

**XWEB500:** es un sistema de control, monitoreo y supervisión basado en una tecnología *"WEB Server"* [29]. El servidor tiene la capacidad de transmitir información a uno o varios clientes externos en el mismo modo en que funciona un servidor *web* normal. La conexión puede ser efectuada a través del *hardware* por medio de la interfaz que este dispone para la conexión de una PC local o mediante la red LAN (red de área local), el único requisito para el PC del usuario es contar con las siguientes características [29]:

- *Windows* 98® o superior

- *Pentium* II 300 MHz con 64 de Mb-RAM o superior

- *Java Virtual Machine*

- Navegador *Internet* como *Microsoft Explorer®* o *Netscape®, Mozilla Firefox*

**Conexión del servidor a la red Ethernet/ Internet**

La conexión a través de *Ethernet* o *Internet* es manejado por el administrador de la red asignando a la unidad un número IP.

Para conectar el servidor a la red con un PC, se utiliza un cable RJ45. Ante todo debe asignar a la unidad un IP. Este tipo de conexión permite al servidor acceder al XWEB500 desde cualquier PC conectado a la red escribiendo la dirección del servidor en una barra del navegador [29].

Para la conexión directa a la *Internet* se requiere una dirección estática que normalmente se asigna desde el ISP (*Internet Service Provider*), que en español es providencia al servicio *Internet*; esta conexión como la otra anteriormente explicada permite el acceso al XWEB500 desde cualquier PC conectado a la *Internet* escribiendo apenas la dirección del servidor en la barra de navegación; la conexión es mediante un dispositivo llamado *Router*, este se encarga de analizar el tráfico de la red generado por el servidor y en función de su destinatario lo clasifica en la red de la empresa (*Internet*) o analiza directamente hacia cliente remoto en *Internet*. Vale mencionar que el mismo *router* requiere de una dirección IP (Fig. 3.3) [29].

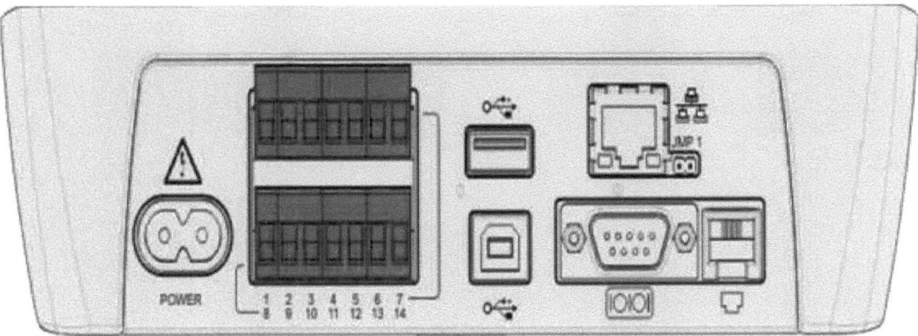

*Figura 3.3. Conexión del servidor mediante cable RJ45 para el acceso a la red Ethernet o Internet.*

## Conexión al sistema XWEB500 con controladores Dixell

Para una correcta conexión de los controladores *Dixell* con el sistema XWEB500, se requiere que los dispositivos estén ligados en su interfaz a través de la red *Modbus* y se conozca las direcciones de los mismos (a la hora de conectarlo en el sistema XWEB500), para evitar la duplicación del dispositivo conectado lo que no es permitido. El servidor lee, archiva y controla toda la información proveniente de los equipos *Dixell* conectados a la línea serial RS485 con el protocolo de comunicación *Modbus* – RTU.

Además se requiere de una lista con dispositivos conectados de modo sucesivo para que se pueda comparar con la que posteriormente podrán aparecer con el número de los instrumentos efectivamente detectados por el procedimiento automático. Porque con la XWEB500 se puede gestionar diferentes líneas de dispositivos (denominadas también nodos) que pueden utilizar diferentes tipos de conexiones físicas y de configuraciones para la comunicación [26, 28].

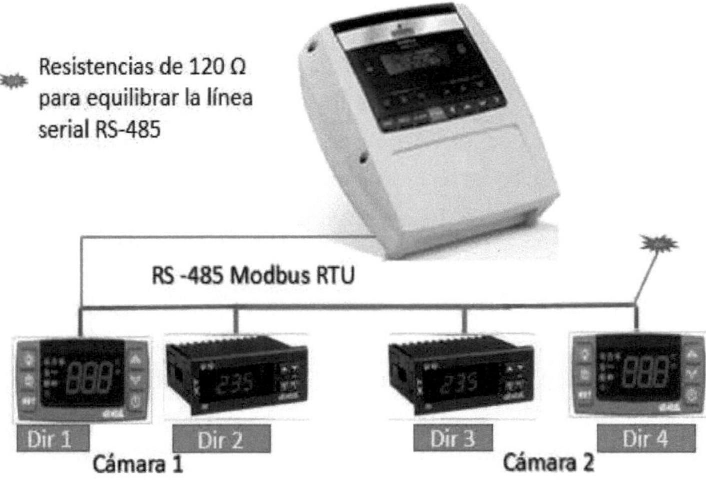


*Figura 3.4. Conexión de los controladores Dixell al sistema XWEB500.*

### 3.4.1. Configuración del sistema para la monitorización

La interfaz del usuario para la conexión es la misma independientemente del tipo de acceso: local conectando directamente una PC, por *Ethernet* o por *Internet*. El acceso a la interfaz por intermedio de la PC local llega a ser más veloz para efectuar la gestión de configuración, desde que este cuente con la máquina virtual de Java (*Java Virtual Machine*). Introduciendo en la barra de dirección del navegador el IP (este depende del tipo de sistema para XWEB500 debe ser menor de 500) y ejecutando, se presentará una ventana que permitirá al usuario introducir el nombre y la contraseña del administrador (Fig. 3.5) [28].

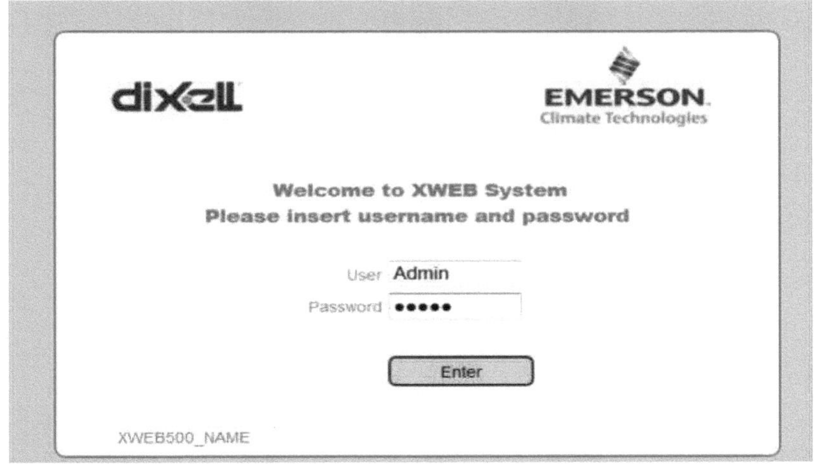


*Figura 3.5. Pantalla de seguridad para la interfaz.*

Posteriormente se presenta la pantalla principal para la configuración del dispositivo y servicio que se desea del sistema XWEB500.

El sistema XWEB500 brinda varios servicios para poder obtener el registro de variables y el estado de alarmas que son: envíos de datos a través de correo electrónico, utilizando impresora para impresión de los datos, y tiene la capacidad de enviar un informe de buen funcionamiento del proceso. El usuario recibirá un mensaje que puede ser enviado de manera tanto automática como manual según un calendario definido previamente. Además si el sistema funciona fuera de los límites operativos automáticamente se enviará un informe (Fig. 3.6) [28].

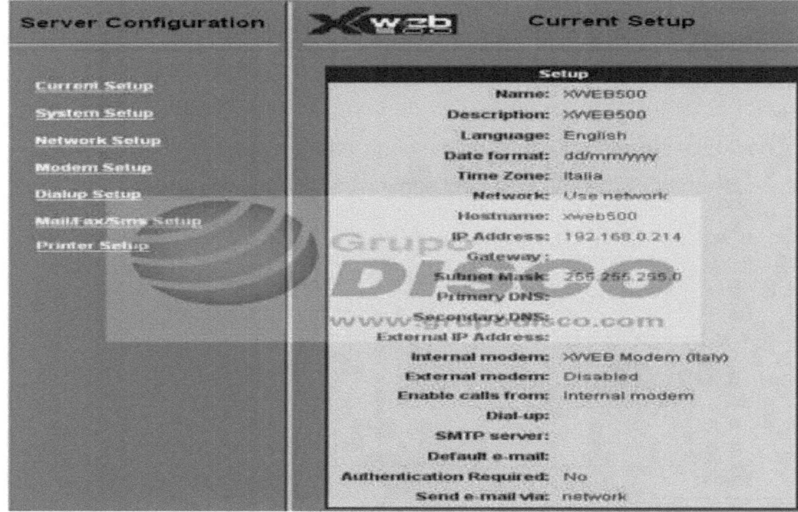

*Figura 3.6. Pantalla principal para la configuración del sistema XWEB500.*

**Búsqueda de los equipos conectados a la línea serial RS485**

La unidad tiene la capacidad de localizar los equipos conectados a la línea RS485. Debe asegurarse de que todos los dispositivos estén conectados correctamente a la línea serial RS485. Se debe evitar la duplicación de los dispositivos; además se requiere que exista una sincronía entre el reloj de sistema XWEB500 con los reloj internos de los dispositivos de campo conectado a él (Fig. 3.7) [28].

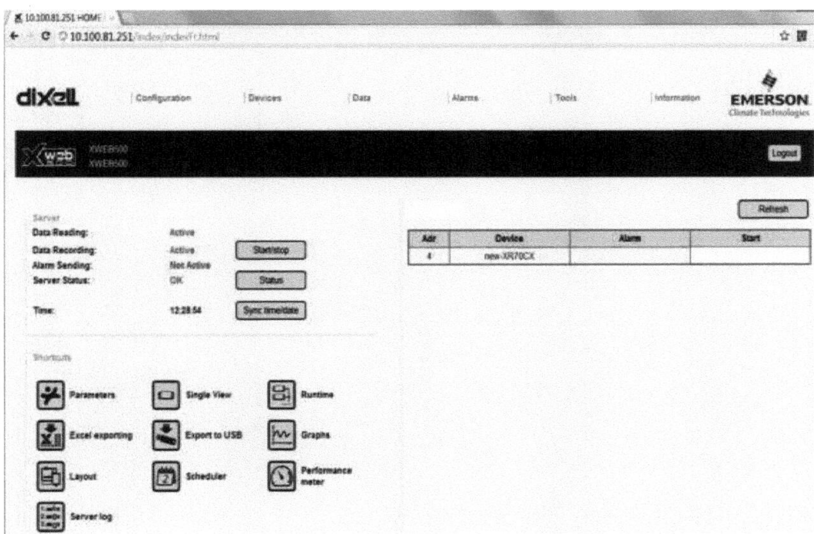

Figura 3.7. Conexión y sincronización de dispositivos del campo (controladores digitales) con el sistema XWEB500.

En la figura 3.7, se verifica que existen varias funciones para manejar el sistema y cada una con su funcionalidad. A continuación se resaltan algunas funciones.

Con la función "*Run Time*" se pueden ver varios dispositivos en una única ventana. La página es de tipo dinámico y la información se actualiza en tiempo real. Si uno o más equipos se encuentran en alarma, el nombre de este parpadea resaltado en rojo. Al hacer clic sobre el nombre del equipo, se abre una ventana que facilita información sobre la alarma en curso. Si ningún equipo se encuentra en alarma, en la parte de arriba de la pantalla aparece resaltado en verde el mensaje "dispositivos listos". En el caso de que se quiera la visualización de un dispositivo se puede acceder a través de la función *single View*.

La función Parámetros permite gestionar los parámetros asociados al funcionamiento de los equipos [28].

Para la visualización de los parámetros y los valores de las variables leídas en los controladores del campo se presenta la pantalla de proceso (Fig. 3.8).

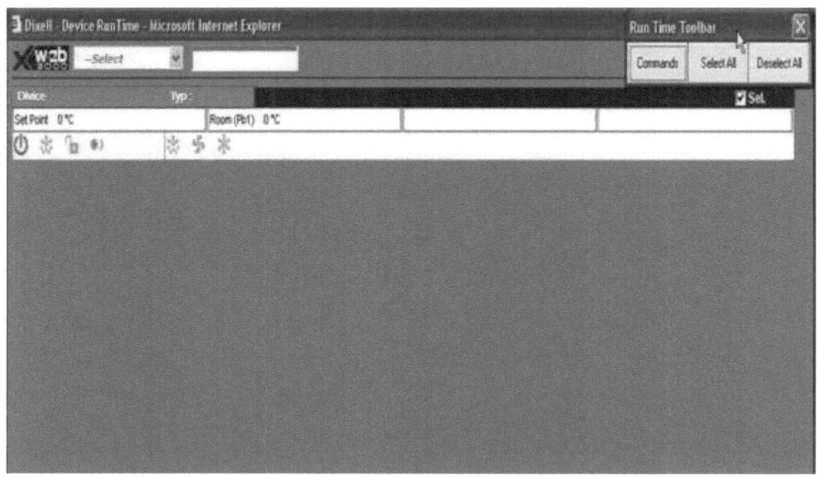

Figura 3.8. Pantalla para la visualización de las principales variables del proceso y estados de las alarmas.

En la figura 3.9 se muestra la pantalla para la visualización de las alarmas informativas.

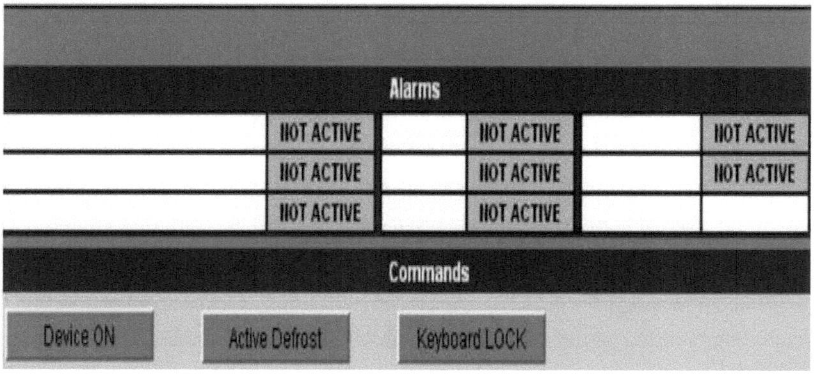

Figura 3.9. Pantalla para la visualización de las alarmas activadas.

Para exportar dato del dispositivo que se requiere basta abrir el menú "*Data*" y luego seleccionar el equipo que se quiere exportar (Fig. 3.10), también puede ser directamente con la función "*Excel exporting*" cuando se requiere en forma de Excel.

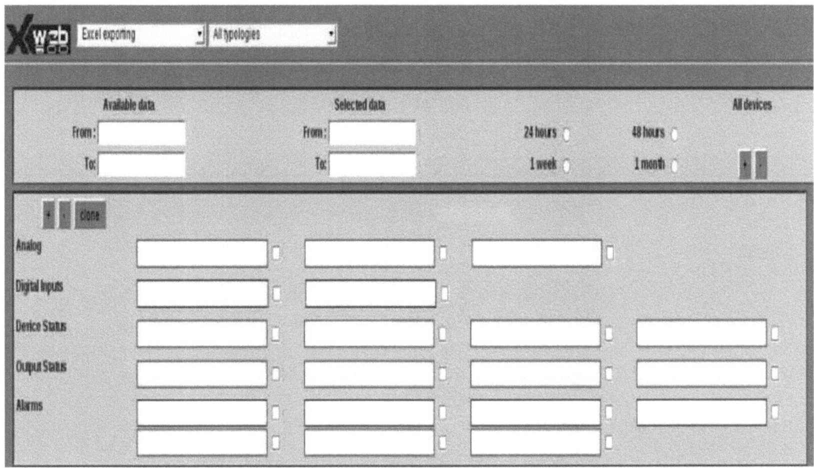


*Figura 1.10. Pantalla de Exportación de datos.*

## 3.5. Parametrización de los controladores para la regulación de la temperatura y la humedad relativa en el interior de las cámaras de calefacción

La parametrización de los controladores para la regulación de la temperatura y la humedad relativa se efectúa asignando a las etiquetas que vienen por defecto, los valores por la que se desea establecer límites de control con el objetivo de obtener un correcto funcionamiento de los controladores en las tablas 3.2 y 3.3 [23, 24].

*Tabla 3.2. Parámetros del controlador para el control de la temperatura en las cámaras.*

| Etiqueta | Descripción | Valor de temperatura | |
|---|---|---|---|
| | | Cámara 1 | Cámara 2 |
| **Hy** | Diferencial | 1 °C | 1 °C |
| **Us** | *Set Point* máximo | 45 °C | 37 °C |
| **Ls** | *Set Point* mínimo | 44 °C | 36 °C |
| **Od** | Retardo activación salida relé al arranque | 2 minutos | |
| **Cy** | Tiempo de salida ON o fallo de la sonda | 5 minutos | |
| **Cn** | Tiempo de salida OFF o fallo de sonda | 5 minutos | |

| CH | Tipo de acción | cL (calefacción) |
|----|----------------|------------------|
| CF | Unidad medida a temperatura | °C |
| rE | Resolución | dE (número decimal) |

*Tabla 3.3. Parámetros del controlador Dixell para el control de la humedad en las cámaras.*

| Etiqueta | Descripción | Valor de humedad | |
|----------|-------------|------------------|---|
| | | **Cámara 1** | **Cámara 2** |
| Hy | Diferencial | 1% | 1% |
| Us | *Set Point* máximo | 100% | 30% |
| Ls | *Set Point* mínimo | 99% | 29% |
| Od | Retardo activación salida relé al arranque | 2 minutos | |
| Cy | Tiempo de salida ON o fallo de la sonda | 5minutos | |
| Cn | Tiempo de salida OFF o fallo de sonda | 5 minutos | |
| S1C | Tipo de acción | Inversa (in) humidificar | Directa (dir) Deshumidificar |
| rE | Resolución | dE (número decimal) | |

## 3.6. Conclusiones parciales

En este capítulo se realizó el diseño de la red de comunicación que permitirá que la información del estado de funcionamiento del equipamiento instalado y las variables a controlar en las cámaras llegue a ser notificada y registrada para posteriormente ser visto por el operario. También se diseñaron las interfaces para la interacción con la información recogida y se estableció el tratamiento a las alarmas y registro de datos.

# Capítulo 4

## "Análisis Técnico-Económico"

### 4.1. Introducción

En este capítulo se abordan los aspectos fundamentales del análisis económico de esta investigación: los costos y efectos de las soluciones propuestas. Un análisis adecuado brinda elementos de dimensión financiera para la estimación del costo total referente a la creación de un proyecto, además es de gran importancia para poder controlar los gastos, evitando compras de materiales innecesarias, buenas directrices de la política económica del país.

### 4.2. Costo del proyecto

Para entender mejor las siglas utilizadas en este capítulo para el cálculo de costo, se expone a continuación un listado con sus respectivos significados como se verifica en la tabla 4.1.

*Tabla 4.1. Siglas utilizadas para análisis de cálculo de costo.*

| Siglas | Significado |
|---|---|
| CT | Costo Total |
| CD | Costo Directo |
| CI | Costo Indirecto |
| SB | Salario Básico |
| SC | Salario Complementario (pago al fondo de vacaciones) |
| SS | Seguridad Social |
| MD | Materiales Directos |
| DP | Dietas y Pasajes |
| OG | Otros Gastos |
| P | Precio |
| CUP | Moneda Nacional |
| CUC | Peso Convertible |
| EUR | Euro |

### 4.2.1. Cálculo del costo total (CT)

Es la suma de cálculo de costos directos (CD) más cálculo de costos indirectos (CI), presenta una aproximación del costo real que se determina al terminar el proyecto.

$$CT = CD + CI \tag{4.1}$$

### 4.2.2. Costo indirecto (CI)

Se refiere a los gastos de electricidad consumida, gastos de administración, instalaciones, etc. Este valor se halla multiplicando salario básico total (SB) de la investigación por coeficiente de costo que será de 0.84; la ecuación del costo indirecto se puede apreciar a continuación.

$$CI = 1.4063 * SB \tag{4.2}$$

### 4.2.3. Costo directo (CD)

Se calcula como la suma del Salario Básico (SB), el Salario Complementario total (SC), el Seguro Social(SS), Medios o Materiales Directos(MD), Pasajes(DP) y Otros Gastos(OG) como se muestra en la ecuación.

$$CD = SB + SC + SS + MD + DP + OG \tag{4.3}$$

### 4.2.4. Salario básico

Es el salario que se paga por el tiempo trabajado excluyendo vacaciones y seguridad social, este se calcula mediante la siguiente expresión:

$$SB = \sum_i^n Ai * Bi \tag{4.4}$$

$n$: Total de participantes de la investigación.

$A_i$: Cantidad de días dedicados a la realización del proyecto por participante.

$B_i$:: Salario diario del participante, se calcula dividiendo el salario mensual entre 24 considerando como la media del trabajo al mes.

- Autor (Victor Manuel) $a_1$, $b_1$, $SB_1$:

$a_1$: $120 \; días * 1 \; autor = 120 \; días$

$b_1$: $\dfrac{200 \; CUC}{24} = 8,33 \; CUC$

$SB_1$: $(120 \; días * 8,33 \; CUC) * 1 \; autor = 999,9 \; CUC$

- Tutor del centro (Frank Ricardo Carrillo) $a_2$, $b_2$, $SB_2$:

$a_2$: $40 \; días * 1 \; tutor = 40 \; días$

$$b_2: \frac{541,00\ CUP}{24} = 22,54\ CUP$$

$$SB_2: (40\ días * 22,54\ CUP) * 1\ tutor = 901,6\ CUP$$

- Tutora del Centro (Belkys Cisnero) $a_3,\ b_3,\ SB_3$:

$$a_3: 20\ días * 1\ tutor = 20\ días$$

$$b_3: \frac{739\ CUP}{24} = 30,79\ CUP$$

$$SB_3: (20\ días * 30,791\ CUP) * 1\ tutor = 615,82\ CUP$$

- Tutora de la CUJAE $a_4,\ b_4,\ SB_4$:

$$a_4: 75\ días * 1\ tutor = 75\ días$$

$$b_4: \frac{550\ CUP}{24} = 22,92\ CUP$$

$$SB_4: (75\ días * 22,92\ CUP) * 1\ tutor = 1.719,00\ CUP$$

$$SB = SB_1 + SB_2 + SB_3 + SB_4 \tag{4.5}$$

$$SB = 999,9\ CUC + 901,6\ CUP + 615,82\ CUP + 1.719,00\ CUP$$

$$SB = 999,9\ CUC + 3.236,42\ CUP$$

### 4.2.5. Salarios complementarios

El salario complementario está destinado al pago de las vacaciones, siendo el 9.09% del salario básico.

$$SC = 0.0909 * SB \tag{4.6}$$

SC = 0.0909 * (999,9 CUC + 3.236,42 CUP)

SC = 90,89 CUC + 294.19 CUP

### 4.2.6. Seguridad social

La seguridad social equivale al 10% de la suma de salario básico más el salario complementario.

$$SS = 0.1 * (SB + SC) \tag{4.7}$$

SS = 0.1 * (999,9 CUC + 3.236,42 CUP)

SS = 99,99 CUC + 323,642 CUP

### 4.2.7. Gastos por medios o materiales directos (MD)

Los gastos por materiales directos se refieren a los materiales utilizados directamente en la investigación, es decir, equipos componentes de materiales, entre otros; que se incorporan definitivamente al resultado de las investigaciones.

La tabla 4.2, presenta el costo en USD de todos los materiales y dispositivos para la realización del diseño, control y monitoreo de las variables en las cámaras de calefacción.

*Tabla 4.2. Costos de materiales y herramientas utilizados.*

| Materiales | Cantidad | Precio unitario |
|---|---|---|
| *Breaker* | 5 | 30 EUR |
| Contactor | 5 | 49 EUR |
| Guardamotor | 4 | 88 EUR |
| Controladores de Temperatura | 2 | 70 EUR |
| Controlador de Humedad | 2 | 140 EUR |
| Sistema XWEB500 | 1 | 190 EUR |

MD = 5* 30 EUR + 5* 49 EUR + 4 * 88 EUR + 2 * 70 EUR + 2 * 140 EUR + 190 EUR

MD = 150 EUR + 245 EUR + 352 EUR + 140 EUR + 280 EUR +190 EUR

MD = 1.357,00 EUR

MD = 1492,7 CUC

### 4.2.8 Dietas y pasajes

Este parámetro se refiere al presupuesto empleado en la alimentación o el transporte y en el caso se considera nulo.

DP = 0

### 4.2.9. Otros gastos

Se considera, contando tanto las horas empleadas por tutores y estudiante, que por concepto de tiempo de máquina se empleó en la elaboración del proyecto un total de 120 días. El gasto por trabajo en máquina está valorado en 10.00 CUP por cada hora de trabajo, luego:

$$OG = 120 * 2 * 10 = 2.400,00 \, CUP$$

<u>Cálculo del costo directo</u>

$$CD = 1.1454 * SB + MD + DP + OG$$

$$CD = 1.1454 * (999,9 \, CUC + 3.236,42 \, CUP) + 1.432,21 \, CUC + 0 + 2.400,00 \, CUP$$

$$CD = 1.125,29 \, CUC + 3.706,99 \, CUP + 1.432,21 \, CUC + 2.400,00 \, CUP$$

$$CD = 2.557,7 \, CUC + 6.106,99 \, CUP$$

<u>Cálculo del costo indirecto</u>

$$CI = 1.4063 * SB$$

$$CI = 1.0463 * (999,9 \, CUC + 3.236,42 \, CUP)$$

$$CI = 1.046,20 \, CUC + 3.386,27 \, CUP$$

<u>Cálculo del costo total</u>

$$CT = 2.557,7 \, CUC + 6.106,99 \, CUP + 1.492,7 \, CUC + 3.386,27 \, CUP$$

$$CT = 4.050,4 \, CUC + 9.493,26 \, CUP$$

**Precio del proyecto**

Pagar un dinero por concepto de contrato, lo que equivale al valor de los servicios científico-técnicos y los resultados del proyecto. En este valor se encuentra reflejada la ganancia que se puede obtener del producto terminado. Según Resolución Ministerial conjunta del Comité Estatal de Precios y la Academia de Ciencias de Cuba, el precio de los servicios o resultados será:

$$P = CT + (hasta \, 0.1) * CT$$

$$P = 4.050,4 \, CUC + 9.493,26 \, CUP + 0.1 * (4.050,4 \, CUC + 9.493,26 \, CUP)$$

$$P = 4.050,4 \, CUC + 9.493,26 \, CUP + 405,04 \, CUC + 940,326 \, CUP$$

$$P = 4.455,44 \, CUC + 10.433,59 \, CUP$$

### 4.3. Análisis de costo y beneficio

El costo total del proyecto es bastante razonable, teniendo en cuenta los múltiples beneficios que generará la implementación de un sistema automatizado de control, y monitoreo de la temperatura y la humedad relativa en las cámaras de calefacción del CIE. Primeramente este sistema automatizado para el control del clima evitará el deterioro de materias primas y productos tecnológicos que el Centro necesita almacenar bajo determinadas condiciones. Además, notificará al trabajador la ocurrencia de situaciones anómalas en las cámaras lo que permitirá disminuir errores en el proceso de producción.

## 4.4. Conclusiones parciales

Se realizó el análisis económico del proyecto teniendo en cuenta el salario básico, complementario, la seguridad social, los gastos por medios o materiales, las dietas y pasajes, y otros gastos. Este sistema automatizado permitirá el control del clima en el interior de la cámara de forma segura evitando el deterioro de materias primas y productos tecnológicos del centro.

Con la realización del presente trabajo se alcanzó el objetivo general propuesto, ya que se diseñó el sistema automatizado para el control y monitoreo de la temperatura y la humedad relativa en las cámaras de calefacción del CIE, permitiendo el análisis de funcionamiento de cada uno de los sistemas incorporados en las cámaras. Para ello:

- Se efectuó una búsqueda de las literaturas e otros medios de información pertinentes que tratan de control de temperatura e humidad relativa en las cámaras de conservación de productos, e las diversas tecnologías que utilizan al nivel del instrumento de controlo meneadamente autómatas.
- Se realizó el análisis de la instrumentación y los medios técnicos presentes en el centro, realizándose propuestas para mejorar la funcionalidad de los sistemas.
- Se determinó que la utilización de los controladores digitales para el control de la temperatura y la humedad es más adecuada porque proporciona entradas y salidas específicas sin tener que adaptarla, a pesar de que presentan limitaciones a la hora de la conexión con otros controladores que no sean del mismo fabricante.
- Se diseñó la red de comunicación a implementar para llevar a cabo el proceso al nivel de monitorización en la pirámide de automatización.
- Se empleó para la monitorización un sistema basado en XWEB500 que brinda una amplia ventaja en cuanto a servicios de centralización de todos los datos del proceso en un ordenador o red. Además posibilita varias vías para la exportación de los datos.
- Se realizó el análisis técnico-económico del proyecto.

Una vez concluido el diseño del sistema automatizado para el control y monitoreo de la temperatura y la humedad en las cámaras de calefacción del CIE, es necesario plantear las siguientes recomendaciones:

- La implementación del sistema automatizado que propone este trabajo por todos los beneficios que aportará al centro.

- Como continuidad de este trabajo estudiar la posibilidad de incorporar un sistema de calefacción basado en bomba de calor como el principal suministro porque requiere más calor en el invierno que en el verano, y el sistema presente como el secundario para el caso de que apenas se desee mantener el valor de la temperatura en el rango deseado.

- Se recomienda la adquisición de un mejor equipo para el sistema de humidificación debido a que el presente, cuando el agua es tratada, no proporciona mayor conducción para el aporte de la humedad en la cámara.

Referencias

1.  Alfredo Rego-Díaz, H.P.-M., Liliena López-Brauet, Niurka Carlos-Pías, *Mejoras en el proceso evaluativo de la calidad del diagnóstico en los laboratorios con tecnología SUMA.* Biotecnología Aplicada, 2012. 29(4): p. 230-233.
2.  Hervas, I.M.D.A., *DISEÑO DE UNA CÁMARA TÉRMICA PARA PRUEBAS DE OPERACIÓN DE UN SISTEMA DE MONITOREO Y CONTROL PARA SENSORES INDUCTIVOS.* Journal Boliviano De Ciencias, 2016. 12(38): p. 15-20.
3.  COBOS, A.M., *IMPLEMENTACIÓN DE UN SISTEMA DE CONTROL DE ALTA PRECISIÓN EN TEMPERATURA PARA UNA CÁMARA DE CLIMA CONTROLADO,* in *FACULTAD DE INGENIERÍA MECÁNICA Y ELÉCTRICA, SUBDIRECCIÓN DE ESTUDIOS DE POSGRADO.* MAYO 2014, UNIVERSIDAD AUTÓNOMA DE NUEVO LEÓN.
4.  Machado, A.u.r.j.c.m., *Estrategias de control inteligente y convencional para cámara de ambiente controlado de amplio espectro.* 2015, Universidad Pontificia Bolivariana, Escuela de Ingenierías, Ingeniería Electrónica, Medellin.
5.  Jorge Andrés Cardona Gil, y.J.P.P.U., *Cámara de ambiente controlado,* in *Facultad de Ingeniería Eléctrica y Electrónica.* 2017, Universidad Pontificia Bolivariana.
6.  J.L. Guzman, M.B., F. Rodríguez, *Laboratorio remoto para el control de una maqueta de invernadero,* in *Dpto. de Lenguajes y Computación. Área de Ingeniería de Sistemas y Automática,* Universidad de Almería.
7.  Carrillo, F.A.R., *Diseño de un sistema SCADA para el ciclo de refrigeración de PRODAL,* in *Facultad de Ingeniería Automática y Biomédica, Departamento de Automática y Computación.* 2017, Universidad Tecnológica de La Habana "José Antonio Echeverría".
8.  Vitapro, *vitapro.* 2015.
9.  Acedo Sánchez, J., *Instrumentación y control avanzado de procesos.* España: Ediciones Díaz de Santos, 2006.
10. L. Contat, A.V., F. Vilaplana, A. Martínez, P. Fuentes, A. Ribes, *EXPERIMENTACIÓN EN INGENIERÍA QUÍMICA: APRENDIZAJE DE LA TERMODINÁMICA POR EL DESCUBRIMIENTO GUIADO,* in *Termodinámica Aplicada; Dpto. Ingeniería Química y Nuclear.* 15 May 2014, Universidad Politécnica de Valencia, Cno. de Vera, Valencia.
11. Pozueta, M.A.R., *Circuitos de corriente alterna trifásica,* in *Departamento de Ingeniería Eléctrica y Energética.* 2014, Universidad de Cantabria.
12. HigroMatik, w.h.c., *Contol de confort (humidificador de electrodo sumergido).* 2010.
13. Munters (ML270), w.m.c., *Desiccant Dehumidifier.* 2011.
14. Electric, S., *Ficha técnica del producto A9F74316.* 2008.
15. Electric, S., *Hoja de características del producto LC1D09M7.* 2008.
16. Electric, S., *Folha de dados do produto GV2ME10, (DISJUNTOR TERMOMAGNETICO TESYS GV2).* 2008.
17. Ortega, M.A.P.G.J.C.A.A.J.C.C.R.F.J.F.M.G.J.G., *Instrumentación electrónica.* 2004.
18. SAC, N.M., *Sensor de Temperatura PT100 (3 hilos).* 2013.
19. Llinares, J.B.A.C.G.G.B.Z.Z.A.G.M.D.M.C.A.G., *Sensores de temperatura.* 2013: p. 53.
20. Meza, R.J., *Implementación de una cámara isohigrométrica para la calibración de higrómetros analógicos y digitales,* in *Facultad de Ciencias.* 2015, Universidad Nacional de Ingeniería.
21. Doebelin, E., *Measurement Systms: application and design* 2003. 5<sup>ta</sup> Edition
22. Tecnologic, A., *sensor de humedad* 2017.
23. S.P.A., D., *CONTROLADOR DIGITAL.* 2015.

24.    XT120C, D.E., *Instalación y operación del Controlador Dixell*. 2015.
25.    www.areatecnologia.com. *Instalación Eléctrica* 2018.
26.    Torres, J.M.H. *Introducción a las Redes de Comunicación Industrial*. 2010.
27.    Penin, A.R., *Sistemas SCADA*. 2013, S.A. de C.V., México. p. 472.
28.    dixell, E., *Sistema XWEB500*. 2018.
29.    Dixell, E., *Sistemas XWEB500*. 2018.

## 1. Equipo calefactor



En la figura A.1, se muestra el sistema de calefacción de las cámaras con los sistemas que le componen.

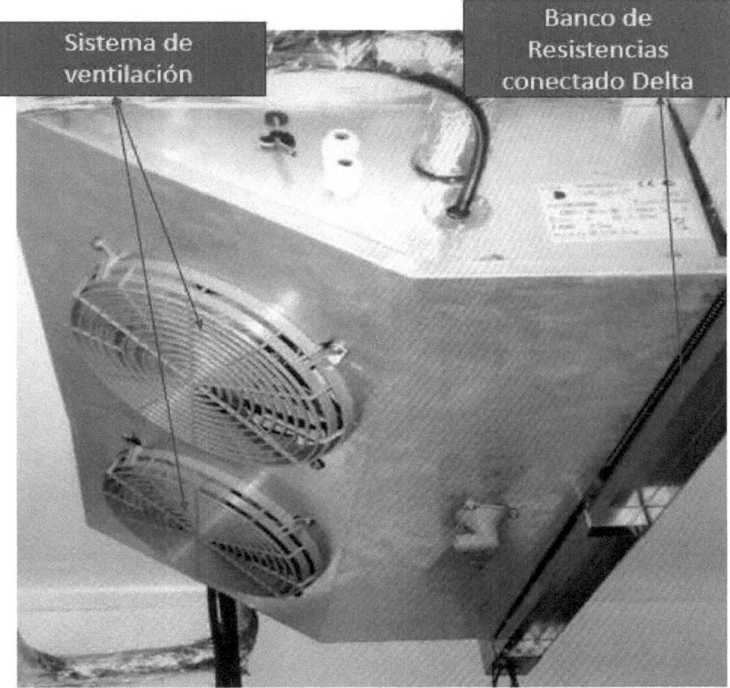


*Figura A.1. Sistema de calefacción y sus componentes.*

Una vez conectado el humidificador el sistema electrónico incorporado se encarga de regular la humedad, se conecta el interruptor principal del sistema y se suministra tensión a los electrodos (48). La electroválvula de admisión (25) suministra agua al cilindro de vapor (16+19). En cuanto se sumergen los electrodos comienza a circular la corriente. El agua se calienta ahora. Cuando se alcanza la potencia preseleccionada, el mando desconecta la electroválvula e interrumpe el suministro de agua.

Tras un breve tiempo de calentamiento, el agua existente entre los electrodos comienza a hervir y se evapora. A través de la evaporación disminuye el nivel de agua en el cilindro de vapor y con ello la producción. De vez en cuando se suministra agua fresca a través de la electroválvula de entrada provista de un filtro fino.

Con el paso del tiempo, la concentración de las sales disueltas aumenta, lo que provoca un aumento de la conductividad eléctrica del agua.

Por ello, es muy importante realizar un drenaje periódico de lodo de una parte del agua concentrada. A través de la regulación adecuada de este proceso se alcanza además una conductividad más o menos invariable del agua del cilindro así como una mínima pérdida de agua y una vida útil óptima del cilindro.

El drenaje de lodos del agua se realiza a través de una bomba de drenaje de lodos (32). El funcionamiento de la bomba de drenaje de lodos se vigila permanentemente durante el funcionamiento.

En caso de fallo de la bomba se desconecta el humidificador de vapor debido el sistema electrónico incorporado.

La bomba de drenaje de lodos dispone de grandes aberturas y puede extraer mediante bombeo pequeñas trozos de agente endurecedor. Esto prologa el tiempo de funcionamiento del aparato y reduce así los intervalos de mantenimiento necesarios.

Durante el drenaje de lodos, el agua fluye desde la bomba al sistema de desagüe.

Un electrodo de sensor (10) controla el nivel máximo de llenado del cilindro. Cuando la superficie del agua toca el electrodo del sensor, el suministro de agua se interrumpe. Este estado se puede producir cuando el agua es menos conductora o si los electrodos están gastados. Sin embargo, en el caso del agua menos conductora, el estado solo dura poco tiempo, ya que el mando en combinación con los electrodos de gran superficie proporciona un rápido aumento de la potencia a través del aumento de la concentración del agua.

El cilindro de vapor consta de una parte superior (16) y una inferior (19) que están unidas a través de una brida de abrazadera. Se encuentra en un pie de cilindro (37). El sellado entre el cilindro y el pie de cilindro así como entre las partes superior e inferior del cilindro se realiza a través de una junta (35+17). En la figura se muestra la parte hidráulica del sistema de humidificación (Fig. A.2).

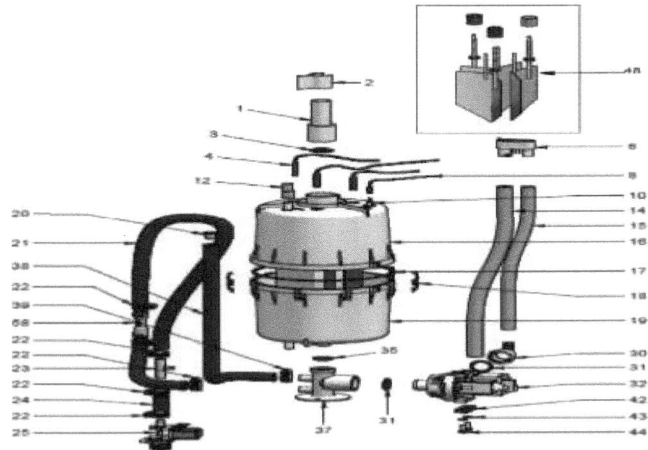

| Posición | Denominación |
|---|---|
| 1 | Adaptador |
| 6 | Tubo acodado con ventilación |
| 10 | Electrodo de sensor para indicador de nivel máximo |
| 14 | Desagüe |
| 16 | Parte superior del cilindro |
| 17 | Junta tórica de brida del cilindro |
| 18 | Abrazadera |
| 19 | Parte inferior del cilindro |
| 25 | Electroválvula de entrada de agua |
| 32 | Bomba de drenaje de lodos |
| 35 | Junta tórica para pie de apoyo del cilindro |
| 37 | Pie de apoyo del cilindro |
| 48 | Electrodos |

*Figura A.2. Partes que componen el sistema de humidificación.*

3. Deshumidificador y detalle del montaje en la cámara

El deshumidificador por rotor desecante es un equipo muy sencillo.

Uno de los puntos que no se debe pasar por encima es la elección del lugar de instalación es prever los espacios necesarios para su inspección periódica y servicio de mantenimiento. Existen dos posibilidades de ubicar el equipo que puede ser dentro o fuera del local cuya humedad se quiere controlar.

Aire del proceso (1): es el aire que se desea controlar su humedad relativa.

Aire seco (2): es el aire suministrado por el deshumidificador una vez regulada su humedad relativa, y entra en el local.

Aire de reactivación (3): es el aire que el equipo necesita para el proceso de deshumidificación.

Aire mojado (4): una vez que se realizó el tratamiento del proceso del aire a controlar habrá una parte del aire que es desechado, en este caso es el aire mojado. Se muestra la manera de cómo está instalado (Fig. A.3).

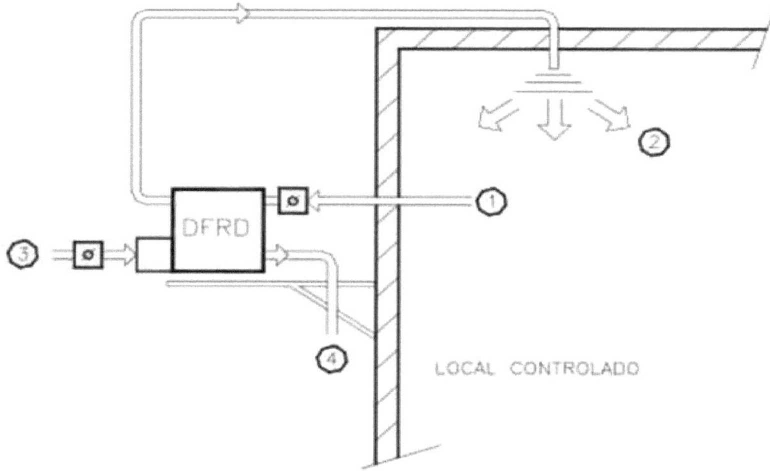


*Figura A.3. Montaje del sistema de deshumidificación en la cámara.*

En la figura A.4, se presenta las entradas del sistema XWEB500.

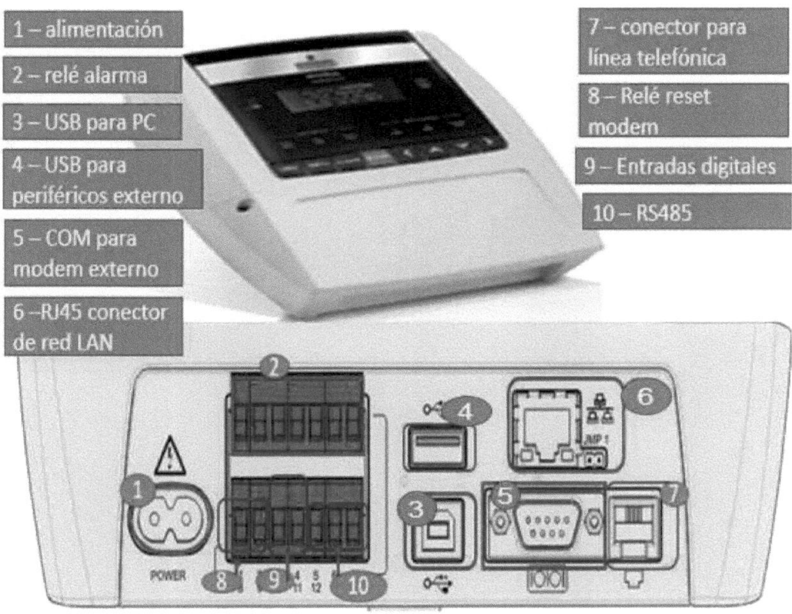


*Figura A.4. Entradas que componen el sistema XWEB500.*

yes

**I want** morebooks!

Buy your books fast and straightforward online - at one of world's fastest growing online book stores! Environmentally sound due to Print-on-Demand technologies.

Buy your books online at
**www.morebooks.shop**

¡Compre sus libros rápido y directo en internet, en una de las librerías en línea con mayor crecimiento en el mundo! Producción que protege el medio ambiente a través de las tecnologías de impresión bajo demanda.

Compre sus libros online en
**www.morebooks.shop**

Printed by Books on Demand GmbH, Norderstedt / Germany